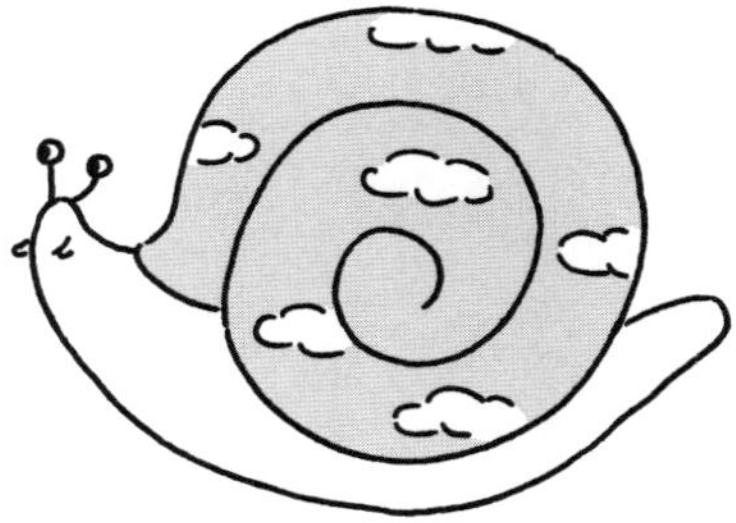

カタツムリの世界の描き方

かたつむり見習い

野島智司

三才ブックス

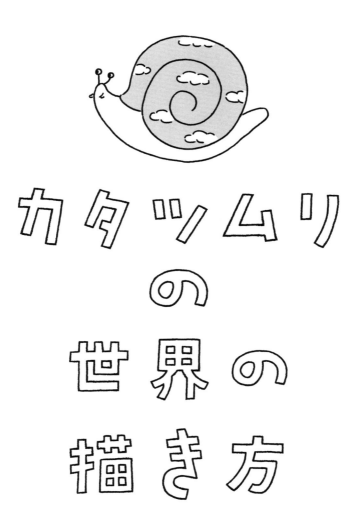

はじめに

「かたつむり見習い」を自称する私は、これまで何度もカタツムリに人生を彩られ、ときには支えられながら生きてきた。

幼いころはお気に入りのカタツムリスポットがあって、そこで日常的にカタツムリと触れ合っていた。小学校から不登校だった私にとって、数少ない学校の思い出の一つは、飼育中に産卵したカタツムリを連れて教室に行ったことだった。大学、大学院でも心の師はいつもカタツムリで、研究テーマでもないのに、自分のシンボルマークをカタツムリにしていた。やがては「マイマイ計画」の屋号で自然にかかわる仕事を始め、仕事の過程で出会ったパートナーとの結婚式にはカタツムリをシンボルマークに、カタツムリ付きの結婚指輪を交わした。

そんな私には、いつも決まって聞かれる質問がある。

――どうしてそんなにカタツムリが好きになったんですか？

実はこう聞かれるたび、いつも返事に困っている。

聞く方は「好きだったら簡単に答えられるだろう」と思うのかもしれないが、そんなことはない。だって、好きになるのに理由などないのである。

返事に詰まると「本当は好きじゃないのかな」と疑われそうな気がして、もっともらしい理由を並べて答えていた過去もある。けれどそんな夜は、布団の中で後悔するのだ。やっぱり違う。あんなこと、なんで言ったんだろう、と。

よく考えたら、人は恋をする理由だって論理的に説明できるわけではない。まして私がカタツムリを好きになったのは、物心がつく前のことだ。初めての出会いも覚えておらず、気がついたら好きだったというだけである。どんなもっともらしい理由も、後付けにしかならない。好きになった理由など、わからなくて当然なのだ。

ただ、カタツムリをどのように「好き」なのか、というのは説明できそうだ。私の「好き」は、憧れのような「好き」である。英語で言うなら、loveやlikeの成分もあるけれど、近い言葉はむしろ、respectである。

私は幼いころから人見知りで、引っ込み思案だった。口数が少なく、声が小さく、物静かで、スローペース。集団行動は苦手で、傷つきやすく泣き虫。怒ることはめったになく、本来怒るべき場面でも涙が溢れて、思うように言葉は出ない。

生物学的にはオスのようなのだが、涙もろく、仕草がなよっとしていたり、争いごとが苦手だったり、冷え性だったり、甘い物が好きだったりするので、世間的には「男らしくない」とされる。気づけば、自分で自分のことを男性であると素直に認められなくなっていた。

一方、カタツムリたちに目を向けよう。彼らは常にゆっくりと動き、やわらかな身体はとても傷つきやすく、敏感だ。引っ込み思案どころか、常に背中に隠れ家を持ち、なにか嫌なことがあれば一瞬で引きこもる（そのときだけは素早い）。基本的に単独行動で、自分の行きたいところに行きたいタイミングで移動する。そして、カタツムリにはオスもメスもない。いや正確には、一匹がオスでもメスでもある「雌雄同体」と呼ばれる性なのだ。

そんなカタツムリは「男らしくない」「女らしくない」と気に病むこともなく、人間関係に悩む様子もない。嫌なことがあったらすぐに引きこもれる。寒い冬は冬眠し、暑い夏も夏眠する。それでも他人の評価など気にせず、自己否定もせず、堂々と生きているのだ。

なんて魅力的な生命体だろう。

私にとってカタツムリは紛れもなく憧れの存在であり、見習うべき存在なのである。

この本は、そんなカタツムリの魅力を、少しでも多くの人に知ってほしいという願いを込めて書いている。誰もが知っているなじみ深い生きものなのに、意外と知られていないカタツムリの魅力。大げさかもしれないが、さまざまな生きづらさを抱える現代人にとって、毎日を生きる支えになると信じている。少なくとも、私のような人間にとっては。

しかし、カタツムリのような生き方は、効率の良い生き方には見えないのも事実である。例えば、彼らの背負う大きな殻。乾燥や外敵などの危険から身を守るのに役立つとは言え、大きく重たい殻を背負いながら生きるのは簡単なことではない。

彼らの殻はヤドカリのような借り物ではなく、主成分である炭酸カルシウムをコンクリートなどから多量に摂取して、自ら作り出し、成長させている。殻は大事なからだの一部であり、どんなに邪魔になったとしても、途中で捨てるわけにはいかないのだ。重たい殻は移動の際のエネルギー消費も高める。小さな隙間を通るときにも、大きな殻は非常に邪魔である。苦労して殻を大きく成長させたとしても、少し大きな鳥や動物に出会ったが最後、大事な殻はいとも簡単に破壊されてしまう。

なにより、ナメクジという実例がある。彼らはカタツムリの仲間でありながら殻をなくし、すでに住宅地など私たちの身近な場所で大繁栄している。彼らの存在そのものが、殻をなくしても外敵や乾燥の危険から免れ、生き延びることができるという証明にほかならない。

それでも重たい殻を持ち、のんびりと生きるカタツムリ。彼らが日本で800種とも言われるほど多様化しながら生き延びているのはなぜだろうか。「弱肉強食」とも言われる自然界で、彼らが堂々と生きられる秘訣とはいったいなんなのだろうか。もしかすると、あえて非効率的なライフスタイルを選んでいるのではないだろうか。

カタツムリは人間からみるとかなりののんびり屋であり、もしかすると説教してやりたくなるという人もいるかもしれない。でも、ちょっと待ってほしい。世界的な感染症の流行や地球規模の気候変動に象徴されるように、人間は今、経済効率優先のライフスタイルを見直すべきときに来ている。本当に大切なことは、効率とは別の視点にあると考えるべきではないだろうか。

カタツムリの小さな目には、現代の人間社会がどう映るのだろう。一歩立ち止まり、私たちの足元にいる殻付きの生きものたちに、少しだけ目を向けてみよう。そこにはきっと、これからの私たちの生き方を考えるヒントが隠されている。

目次

第1章

カタツムリという、あいまいな生きもの

「カタツムリ」のあいまいな定義

私のアイデンティティは、あいまいである。

基本的には企業や学校、組織に所属していない、いわゆるフリーランス。作家もしくはネイチャーライターとして活動する傍ら、自然観察会を開催したり、ワークショップをしたり、生きものの調査をすることもあれば、子どもの遊び場を開いたりすることもある。また、フリースクールや大学、通信制高校の非常勤講師を務めたりもしている。そんな感じなので、自分の肩書きは一つに決めきれない。

うーん、私とはいったい何者なのだろう。あまり拠り所を持たずに生きてきて、そもそも人間として生きることに苦労しているので、もはや人間かどうかも疑わしい……。

そんな私には、ある日ふと浮かんだ「かたつむり見習い」が、唯一のしっくりくる肩書きだ。

私の憧れの存在であるカタツムリも、アイデンティティがあいまいである。というのも、そもそも「カタツムリ」という言葉に生物学的な定義がないのだ。カタツムリというのは、あくまで一般的な呼び名なのである。

カタツムリを生物学的に定義しようとすると、どこかに無理が生じてしまう。例えば、ナメクジに代表されるように、同じ仲間であっても見た目の印象が異なるものがいるからだ。基本的には、陸上に生息する軟体動物（陸産貝類）の総称としたり、陸産貝類のうち、よりカタツムリらしさのある「**柄眼目（マイマイ目）**」【＊1】と呼ばれる仲間の総称としたりする。そして、ナメクジは例外とすることになる。

私としては、カタツムリの定義はあいまいな方がいいと思う。

＊1【柄眼目（マイマイ目）】　陸産貝類は、便宜上、柄眼目（マイマイ目）、基眼目、収眼目という、大きく3つのグループに分かれる。柄眼目の仲間は、2対（4本）の触角を持ち、大きな1対の触角の先に眼がある。基眼目の仲間は、1対の触角の付け根に眼がある。収眼目の仲間は、1対の触角の先に眼があるが、背面にあるイボイボにも眼がある。ただし、基眼目には複数の系統が含まれているなど、これも厳密な区分ではない。

学問の世界では、定義をしっかり決めて、共通の言語でコミュニケーションをするのが大切である。しかし、一般に使われる「カタツムリ」の定義まではっきりさせて、統一見解を定める必要はないだろう。そもそも彼らのことを日本全国で「カタツムリ」と呼ぶようになったのは、近代に学校教育が普及してからのこと。民俗学者の柳田国男によれば、カタツムリには「マイマイ」「デデムシ」「ツノダシ」など、地域ごとに異なる240あまりの多様な呼び名があった。それほど多様な呼び名が生まれた背景には、各地でカタツムリと触れあって遊んでいた「童児の力」があったという。子どもたちが遊びのなかで、カタツムリにまつわるわらべうたを生み出し、多様な呼び名が生まれたというのである。生きものの呼び名には、そうした人と自然との生き生きとした関わりがにじんでいる。だからこそ、呼び名はできるだけ自由なほうがいいと思うのだ。

もっとも現実問題、定義があいまいなままだとこうした本は書きづらい。最大限あいまいさを許容する都合上、この本では、陸に棲む貝類はみんなカタツムリってことにしたいと思う。すべてをカタツムリとは認めない人もいるだろうし、その気持ちも尊重したいが、あくまで広義のカタツムリとしてご理解いただきたい。

ただし、ナメクジに関しては、カタツムリと対比して説明することもあるので、文脈によって含めたり、含まなかったりする。結局あいまいで、すみません。

カタツムリの軟体部

こう書くと「擬人化している」とお叱りを受けるかもしれないが、私は、カタツムリには顔があり、さらには表情があると感じる。どこかユーモラスで愛嬌があるし、なんだか**うれしそうに見えたり**【＊2】、**具合が悪そうに見えたり**【＊3】する。そのおかげで、見ていて飽き

＊2：うれしそうなカタツムリ

＊3：具合が悪そうなカタツムリ

ないし、いらだつ気持ちも緩められる。これはカタツムリの大きな魅力の一つだ。

カタツムリの殻を除くやわらかい部分のことを「軟体部」という。多くのカタツムリ（柄眼目の仲間）の軟体部には、頭部に大小2対のツノ（触角）がある。私が「表情」を感じてしまう背景には、この2対のツノが大きな役割を果たしている。大きなツノがまっすぐ直線的に伸びていることもあれば、だらんと垂れ下がっていることもある。小さな方のツノはまるで口ひげのようで、人間で言う口角のように感じるのだ。

ただし、そんなカタツムリの「顔」には、ヒトとは大きく違う点がいくつもある。そもそも目、鼻、耳、口などの概念が、カタツムリに当てはまらない。多くのカタツムリの場合、視覚は大きな2本のツノの先にある目で感じる。嗅覚はすべてのツノで感じる。そして、あまり目の良くないカタツムリにとって大事なのが、触覚（触れる感覚）である。触覚は、ツノと軟体部全体で感じる。味覚はヒト同様に口で感じるが、聴覚は感じる器官がないようだ。

ツノはカタツムリにとって重要な感覚器である。本当にそれを表情と呼んでいいかどうかはわからないが、人間が目や口で感情を読み取るように、そうした感覚器の動きに、カタツムリの気分のようなものが反映されていても不思議ではない。元気なときは元気に周囲を探索するだろうし、弱気なときは周囲の探索も消極的だろう。

カタツムリは口の近くでフンをする

「かたつむり見習い」を名乗る私にも、ここは見習うわけにはいかないと感じる部分がある。からだの構造上、どうしても理解できないところがあるのだ。

カタツムリにも口があるが、私たちの口とはずいぶん違う。口には「歯舌《しぜつ》」と呼ばれるヤスリのような器官があって、植物などを削り取って食べることができるようになっている。歯舌は、およそ2万本もの小さな歯がびっしり並んだような構造をしているらしい（小さ過ぎるので、1本1本正確に数えたわけではないだろう）。

カタツムリを透明なプラ板などにくっつけて、裏側から観察すると、口をパクパクモグモグ動かす様子がわかる【＊4】。また、手のひらにカタツムリをのせると、歯舌で皮膚をなめているようなくすぐったい感覚を感じることもある。もしかすると、表面の垢でも食べてくれているのだろうか。

さて、ヒトの口は食べものの入り口であると同時に、呼吸器官でもある。だから、何かを飲み込みながら息をすることはできないようになっている。飲んでいる水がわずかにでも気

＊4：透明なプラ板の裏側から観察してみると……

管に入っただけでも、ゴホンゲホンとむせてしまうことだろう。

一方、カタツムリにとっての呼吸器官は、食べものの入り口ではなく、食べものの出口に隣接している。つまり、呼吸器に接した穴からフンをするのだ。**カタツムリの殻の出入り口の付近に、呼吸孔という呼吸のための穴がある**【＊5】。この呼吸孔が肺につながっており、呼吸器官の役目をする。そして、この呼吸孔が消化管の出口とくっついている。すなわち、フンをするところで息をする。

ヒトとカタツムリとでは、排泄物に対する認識がだいぶ違いそうだ。フンをしながら呼吸もしているようだが、間違ってフンが気管に入ってきて、むせたりすることはないのだろうか。カタツムリにはフンをするとすぐに自分のフンをきれいに折りたたむ習性があるが、もしかしたら気管に入らないように気を付けているのかもしれない。

それにしても、呼吸するところでフンをするとは、いったいどんな感覚なのだろう。こればかりは、あまり想像したくない。

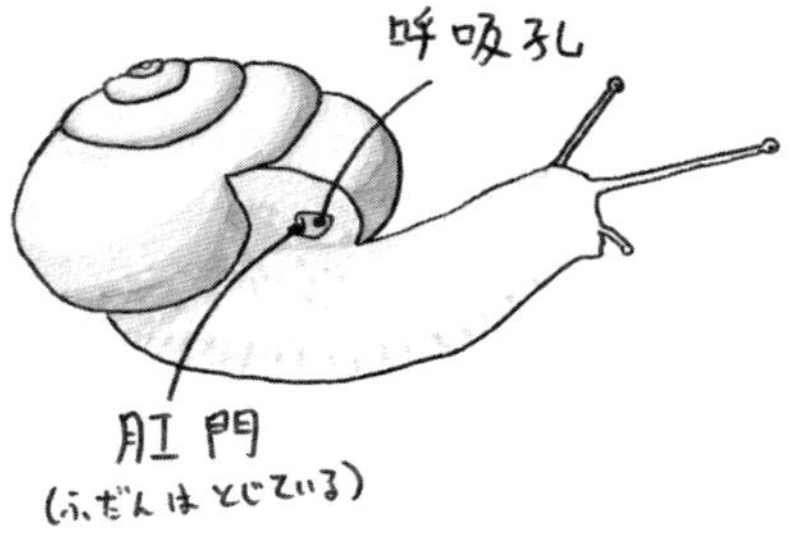

＊5：カタツムリの呼吸孔と排泄口

カタツムリの小さな脳みそ

動物の「頭の良さ」はしばしば話題になる。カラスは頭が良いとか、イルカの頭が良いとか、はたまたタコの頭が良いんだとか、色々なことが言われている。頭の良さの基準っていったいなんなのだろう。人間もどこそこの大学を出たから頭が良いなどと言っているが、そんなことが頭の良さの基準になるのかどうか、そもそも頭の良さってなんなのか、疑問に思うことは尽きない。

カタツムリの脳はとても小さい。動物の「頭の良さ」は、脳の大きさと結びつけて語られがちである。誰かに「お前は脳みそが小さい」と言われたら、それは明らかにバカにされている。しかし、ことはそう単純ではない。

カタツムリの脳は、大きめの種類でも実のところ直径2㎜前後しかない。ただ、カタツムリはからだのすべてが小さいので、脳が小さいのも無理はないだろう。それに、実際に脳が小さくても、「頭が良い」とされる生きものはいる。例えば、鳥類はカタツムリほどではないが、体格のわりに脳が小さい。彼らは空を飛ぶために体重を抑える必要があり、脳はできるだけ軽くコンパクトにしているのだ。にもかかわらず、カラスなどの知能が高いとされる鳥類はとても多い。「アレックス」と名付けられて特別に訓練された**ヨウム【＊6】**は、ヒトと英語で会話ができたというくらいだ。また、昆虫の場合は、そもそも脳の構造が違う。小さな脳がからだのあちこちに分散したような神経ネットワークを形成している。とことん無駄を省いている上に、一つの大きな脳がすべてではないので、機能はまったく異なるだろう。

生きものごとに脳の大きさの持つ意味あいはまったく異なるし、そもそも人間同士でも、脳の大きさを比べることに大きな意味はない。ほかの生物の脳を私たちの脳と同じ土俵で比較し、優劣を議論するべきではないのだ。カタツムリだって、脳が小さいのは、ヒトとは脳の構造や機能が違うというだけのことなのだ。

そもそも頭が良いとは、知能の高さとは、なんなのだろう。生きものはみんな、自分が生きていくために必要なものの考え方ができるように育っている。もし私が現在の考え方や知識を持って、そのままカタツムリになれたとしても、カタツムリとしてうまく生きられる自信はない。どんな難しい言葉を知っていても役には立たないし、遠くの食べものの匂いを求めて、闇夜を縦横無尽に動き回ることなどできそうもない。カタツムリとしてはかなり「頭が悪い」部類に入るだろう。

ちなみに、脳のほかにも、カタツムリの軟体部の中には胃や腸などの消化器や心臓や血管などの循環器がそなわっており、内臓の大部分は殻でしっかり守られている。それに対して、脳は頭部のツノの間にあって、殻で守られてはいない。あまり大切ではないのだろうか。

＊6【ヨウム】 アフリカ西海岸に生息する、オウム目インコ科に属する鳥の一種。アレックスは、比較心理学者のアイリーン・M・ペパーバーグが飼育していた。詳しくは、アイリーン・M・ペパーバーグ『アレックスと私』(ハヤカワ文庫NF)。

カタツムリの基本的な生態

誰もが知っている生きものである割に、カタツムリの基本的な生態は意外と知られていない。その理由の一つはきっと、カタツムリがいつも寝てばかりだからだ。私も寝るのは好きだが、彼らほどではない……と思う。

雨の日以外は夜行性なので、日中に寝て、夜に活動する。夜間や雨の日に活動するのは、湿度が高いから。あくまで、じめじめしたところが好きなのだ。季節的には、梅雨のあいだは活動期だが、ひどい雨だと休眠するし、夏の暑さは苦手なので夏眠するし、秋も活動期だが台風のような大風のときは休眠する。そして、寒い冬はもちろん冬眠する。

つまり、私たちが起きているとき、カタツムリはたいてい寝ているのだ。その上、動きがゆっくりとしているので、私たちがふだんの生活のなかで見つけようとしてもなかなか見つからない。なんとなく、雨の日にゆっくりとぼとぼ歩いているときなどに、ふと出会うような気がしている。

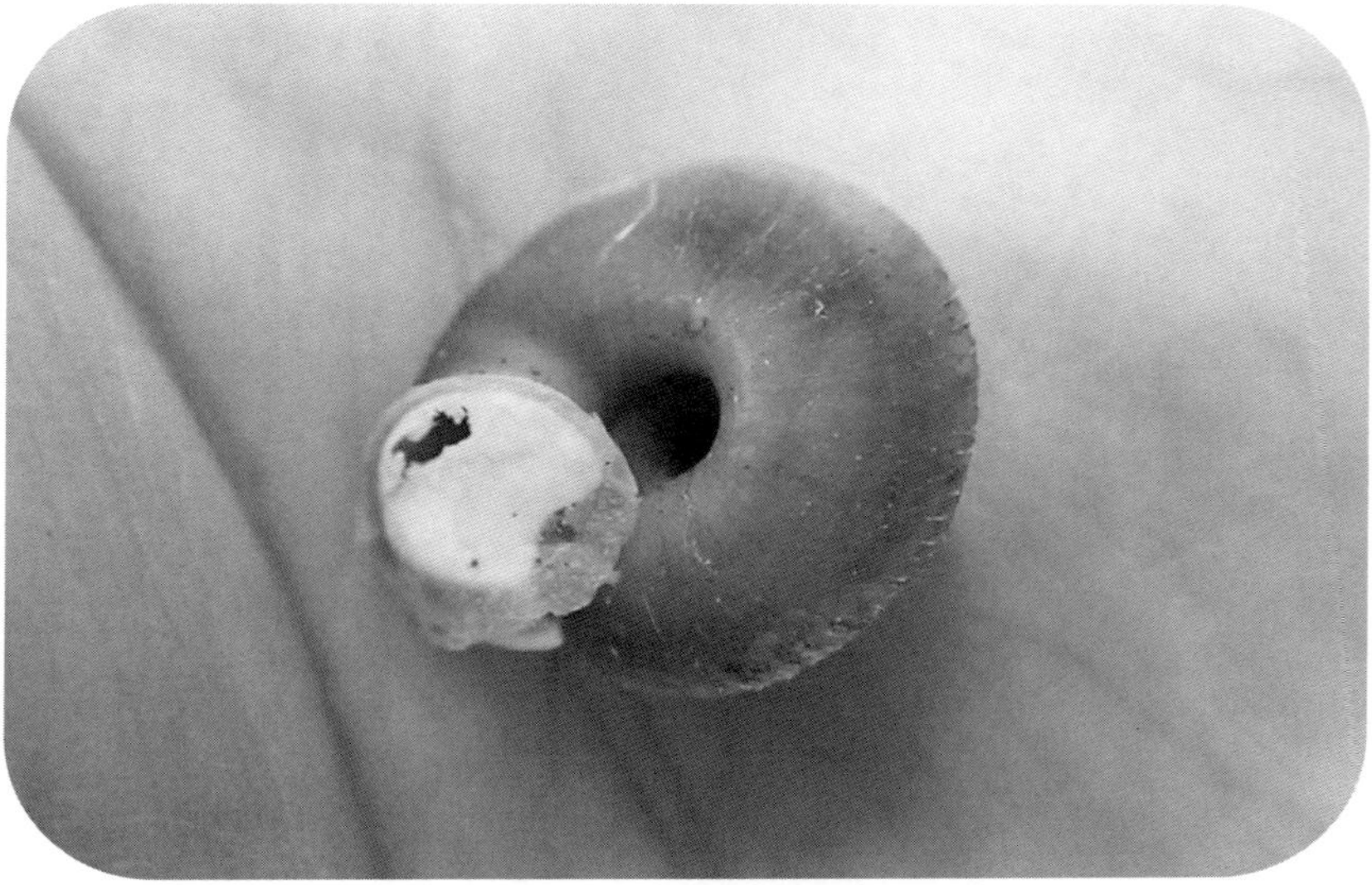

＊7：休眠中のカタツムリ

休眠中のカタツムリは、殻の出入り口に粘膜を乾燥させた膜状のフタをする【＊7】。詳しくは後述するが、エピフラムという高性能の膜だ。冬眠中など、休眠が深いときは、エピフラムで何層にもフタをする。何枚もの布団をかぶって寝ているようなものだ。

人間の場合、寝てばかりというと、怠惰で生産性がないと考えられがちだが、活動できないときに休眠するというのはとても理にかなっている。苦労してもたいした成果が得られない場合とか、高いリスクを伴う場合に、無理に活動してもろくなことはない。努力や根性では、どうしようもないのだ。

身近なものを最大限利用する食生活

私は野草の天ぷらが大好物である。身近な草花は単なる雑草とひとくくりにされがちだが、美味しい草を毒のある草ときちんと見分けて天ぷらにするだけで、一気に幸せな気持ちになれる。身の回りにある自然は、本当に私たちを幸せにしてくれるのだ。カタツムリもきっと、それがよくわかっている。

日本のカタツムリは基本的に植物食である。飼育下では人間の食べるニンジンやキャベツなどの生野菜を与えるとよく食べるが、野外でもおもに植物を食べている。葉っぱや花びら、樹皮や石などに付着した藻類、湿った落ち葉、そしてキノコなどを食べている。カタツムリはゆっくりと這って移動することしかできないので、好き嫌いがあると食に苦労すると予想される。好きなものが見つからなければ、延々と探し続けなければならない。そのため、食べものにはあまり選り好みしないと考えられている。

ただ、よくわからなくなるときもある。特定の樹種の葉っぱでよく見かけるのに、その木の葉を食べている様子が観察できないということがよくあるのだ。代表的な例が、アジサイである。

一部ネットなどでは、かつて「アジサイは有毒植物なので、カタツムリはアジサイの近くにはいない」という説が流布されていたことがあるが、そんなことはない。アジサイが人間にとって有毒であることは事実だが、カタツムリとヒトとではからだの構造も生理もまったく異なるのである。カタツムリにとって有毒かどうかはわからない。脊椎動物にとって有毒であるなら、カタツムリは天敵を避けられるため、かえって安全である可能性もある。

実際、アジサイ付近ではカタツムリをよく見かけるし、**ミスジマイマイ**【*8】がアジサイを好むとする研究もある。アジサイの葉を食べるわけではないとしても、茎の表面を食べるかもしれないし、隠れ場所として適しているということかもしれない。あるいは、単に低木にいるカタツムリは、ヒトが見つけやすいだけという可能性もある。高い木の上の方にいるカタツムリは、なかなか見つけることができない。

ほかにも、**アオキやヤツデという樹木が好きなカタツムリ**【*9】もいるし、よく行く森のなかではイヌビワという樹木にくっついているカタツムリをよく見かける。食料として好き

*8【ミスジマイマイ】　関東甲信地方などに生息する、柄眼目（マイマイ目）の大きなカタツムリ。関東地方では最も一般的な種。

＊9：アオキの葉っぱの裏のマルシタラガイ

なのか、隠れ家として好きなのか、あるいはその両方なのかはまだよくわからない。もしかすると、私が見つけやすいだけという可能性もある。ただ、先日はツクシマイマイがイヌビワの果実を食べているのを見た。イヌビワは雌株と雄株があり、雌株の果実は人間が食べてもおいしい。ツクシマイマイが食べていたのは雌株の果実で、雄株を食べるかどうかはわからない。

大切なのはカルシウム

私は子どものころ、身長を伸ばしたくて、牛乳をよく飲み、毎日屈伸運動をしていた。魚はなるべく骨まで食べた。親しくしていた友達一家は、みんな身長が高く、年下の子も私より背が高かった。小学校にはほとんど通ってないのだが、一番前の席だったことは覚えている。私にとって、カルシウムは意識的に摂取したい栄養素だった。

カタツムリにとっても、カルシウムは大切である。それは、背を伸ばすためではなくて、殻を作るのに不可欠な栄養素だからだ。

海に生息する貝類であれば海水中に豊富にカルシウムイオンが溶け込んでいるので、カルシウム補給には苦労しないのだが、陸ではカルシウムが空気中に浮遊しているわけでもないし、雨水にはわずかに含まれるが、海水や砂埃が混じった際に含まれる程度。食料となる植物にもカルシウムは含まれているが、それだけでは足りない。そのため、カルシウムはわざわざ炭酸カルシウムの豊富な石灰岩が含まれる土壌や、卵の殻、死んだカタツムリの殻などから積極的に摂取する必要がある。市街地では、ブロック塀に集まるカタツムリをよく見かけることだろう。コンクリートのおもな原料が石灰岩であり、石灰岩はそもそも古代の海を生きた有孔虫や貝類、サンゴ、藻類などの生物が作った殻である。そう考えると、ブロック塀に集まるのは実に自然な流れである。

だが、かたいコンクリートや石灰岩からどうやってカルシウムを吸収しているのだろうか。ガリガリ削って食べているわけではなさそうだ。ブロック塀にカタツムリが集まって活動するのは、雨の日である。雨水は弱酸性であり、コンクリートに含まれるカルシウムは、雨水でわずかに溶ける性質がある。**カタツムリは、雨水に溶け込んだカルシウムイオンを摂取し**

て、**殻の栄養にしていると考えられている**【＊10】。水に溶けたカルシウムを摂取するというのは、海棲の貝類のことを考えると納得がいく。海の貝類やサンゴなどは、自ら積極的に動かなくても、海水中のカルシウムだけで立派な殻や骨格を形づくるのだから。

飼育下では紙もよく食べる。紙はそもそも植物である上、炭酸カルシウムも含まれているので、カタツムリにとっては完全栄養食なのかもしれない。飼育ケースには湿らせたペーパータオルを敷いておくと、湿度も保ってくれて便利だが、ただし、紙に含まれる漂白剤やインク類の持つ悪影響はよくわからない。

余談だが、現在の私の身長に、子ども時代のカルシウム摂取の効果は感じられない。妻の方が少し身長が高いくらいだ。紙でも食べておけば良かった。

自然界は天敵だらけ

息子の好きな小学館の図鑑ＮＥＯで「タヌキ」を調べてみると、食べものは「鳥、ネズミなどの小型動物」と書かれている。やや専門的な『日本の哺乳類』(東海大学出版会)を見ても、どこにもカタツムリを食べるとは書かれていない。でも、タヌキの食性に関する論文や

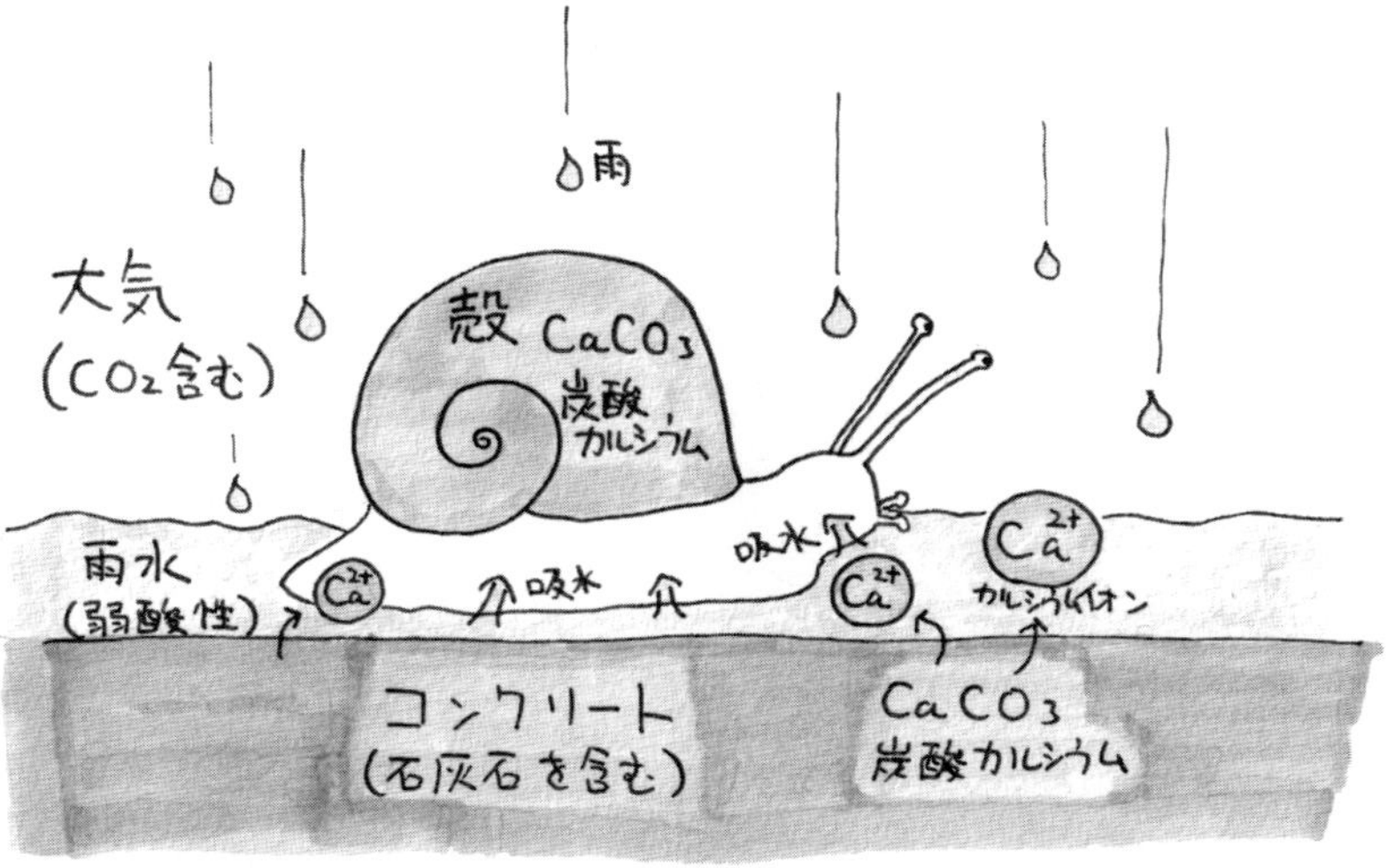

＊10：コンクリートのカルシウムとカタツムリ

報告書を調べると、よくカタツムリを食べているとの報告がある。糞を分析すれば、カタツムリの殻がしっかり出てくるのだ。

カタツムリは実はさまざまな生きものにとって貴重な食料になっているのだが、個々の生きものの食性が紹介されるときに、カタツムリをちゃんと紹介してもらえることは少ない。彼らは日の当たらないところで、自分の命を犠牲にしながら多くの生きものを支えているのだ。なんとも健気である（いや、カタツムリはただ懸命に生きているだけなのだが）。

実際にどんな生きものがカタツムリを食料としているか、ざっと挙げてみよう。

まず哺乳類。タヌキのほかには、ネズミ類、トガリネズミ類、イノシシ、アライグマ、ア

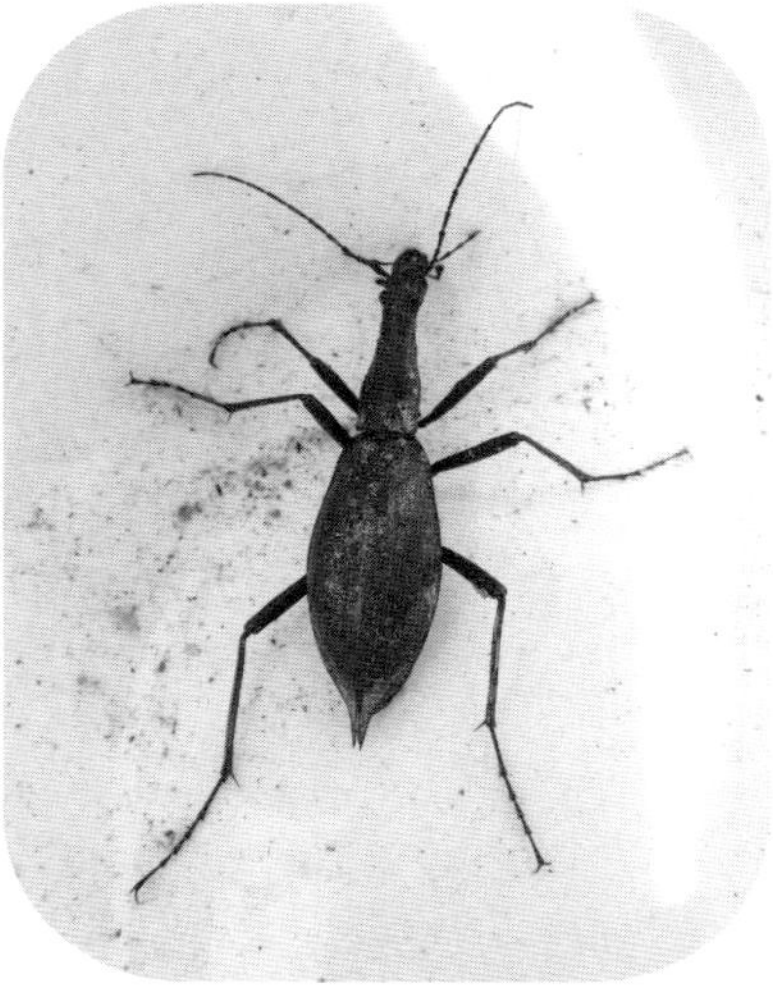

＊12：**【マイマイカブリ】**オサムシ科の昆虫の一種で、カタツムリなどを食べる。

＊13：**【ザトウムシ】**ザトウムシ目に属する節足動物の総称。多くが雑食性とされる。

ナグマ、テン、ニホンザルなどが、糞分析や目視などからカタツムリを食べていたという報告がある。

　は虫類・両生類では、ヘビ、カメ、トカゲ、カエルなどが食べたという報告がある。**イワサキセダカヘビ**【＊11】というヘビにいたっては、右巻きのカタツムリを上手につかまえて食べるために、歯の構造まで特殊化させている。

　水鳥が水棲の貝を食べるように、多くの鳥類がカタツムリを食べている。沖縄のヤンバルクイナもカタツムリを多く食べることで知られる。繁殖期の卵殻を作るカルシウム源として、カタツムリが重要な役割を果たしているとする報告もある。メジロなどの小鳥の糞のなかに、小さなカタツムリが（ときには生

＊14：**【コウガイビル】**ミスジコウガイビルなど数種が知られる。

きたまま）入っていることもある。

昆虫などの節足動物類では、**マイマイカブリ**【＊12】が有名だ。その名の通りカタツムリを積極的に食べる昆虫で、殻に潜り込んで食べる様子からその名が付いた。そのほか、オサムシやシデムシなどもカタツムリを食べる。ホタル類の幼虫も、カタツムリを食べる。ホタルというと川でカワニナを食べるイメージがあるかもしれないが、ヒメボタルなど幼虫時代を陸で過ごすホタルも多く、そうしたホタルはカタツムリを食べるのだ。また、**ザトウムシ**【＊13】という足の細長いクモに似た生きものにも、カタツムリを食べるものがいる。

そのほか、**コウガイビル**【＊14】という生きものもカタツムリを食べている。コウガイビル

＊11**【イワサキセダカヘビ】**　石垣島と西表島にのみ生息する日本固有のヘビの一種。右巻きのカタツムリを専門に食べることで知られる。細将貴『右利きのヘビ仮説　追うヘビ、逃げるカタツムリの右と左の共進化』（東海大学出版会）に詳しい。

はヒルと名が付くが、血を吸うヒルはミミズと同じ環形動物。コウガイビルは血を吸わず、理科の実験などで使われるプラナリアで有名な扁形動物の仲間だ。

うーん、カタツムリの周囲は天敵だらけである。私が知らないだけで、ここに書いた以外にもカタツムリを食べる生きものはまだまだいるだろう。

考えてみれば、あれだけゆっくりと動き、たいして強くもない殻（失礼）で身を守る生きものである。天敵が多いのは不思議なことではない。むしろ、生態系を底辺で支える生きものと言って良いだろう。特筆すべきは、カルシウム源としての重要性である。カルシウムを積極的に摂取して吸収して、かつ食べやすい動物はそう多くない。殻を持つことで、自らの食料としての価値を上げてしまっているのだ。

そんなことを知ってか知らずか、今日もカタツムリはゆっくりと活動している。もしかすると、物音を立てずゆっくりと動くことで、天敵に見つかりにくくなるメリットもあるのかもしれない。まぁ、どちらにせよ速くは動けないが。

カタツムリの成長と繁殖

先日、とあるカタツムリと、近所のブロック塀で4年ぶりに再会した。**ツクシマイマイ**【＊15】というカタツムリで、殻の色や模様が印象的だったため、すぐに「あ！　あのときのマイマイ！」と、静かに感動してしまった。4年前には成長途中で若々しかった殻も、しっかり成長しきって、風格が出ていた。おそらくもう5歳くらいなのだろう。案外長く生きるものだ。

カタツムリの寿命はよくわからない。というのも、一般に生きものの寿命を計るのは難しいからだ。

飼育下では飼育年数をきっちり計れるが、人工的環境になるので、ときには自然状態よ

＊15：**【ツクシマイマイ】**九州や山口県などに生息する、柄眼目（マイマイ目）の大きなカタツムリ。和名は地名の「筑紫」に由来し、福岡県では特に一般的な種だが、この個体の殻は印象的だった。

＊16：**【コハクオナジマイマイ】**九州や中国地方西部などに分布するオナジマイマイ属のカタツムリの一種。殻の中央部の軟体の色が透けて、レモン色に見える。

＊17：**【キセルガイの仲間】**キセルガイ科に属する、細長い左巻きの殻を持つカタツムリの仲間。関東以西の本州と四国に分布するナミコギセル、九州に分布するキュウシュウナミコギセルなどの種は、庭や公園などの身近な場所にも多いが、カタツムリの仲間だと思われていなかったり、そもそも存在に気付かれていなかったりする。

りも極端に短くなってしまうことがある。かと言って、野外で生まれてから死ぬまでの時間を、正確に測定することは簡単ではない。**コハクオナジマイマイ**【＊16】など、1年しか生きないカタツムリもいるが、ミスジマイマイやツクシマイマイなどの一般的なカタツムリは、3〜5年くらいと言われている。**キセルガイの仲間**【＊17】は長生きなのか、十数年生きた記録もあるようだ。

カタツムリはその間、どんな一生をたどるのだろうか。ここでは、ツクシマイマイを例に紹介しよう。

春、カタツムリは卵で生まれる。**生まれたての卵は白くとてもきれいだ**【＊18】。それから3週間ほどで、小さなかわいらしい赤ちゃ

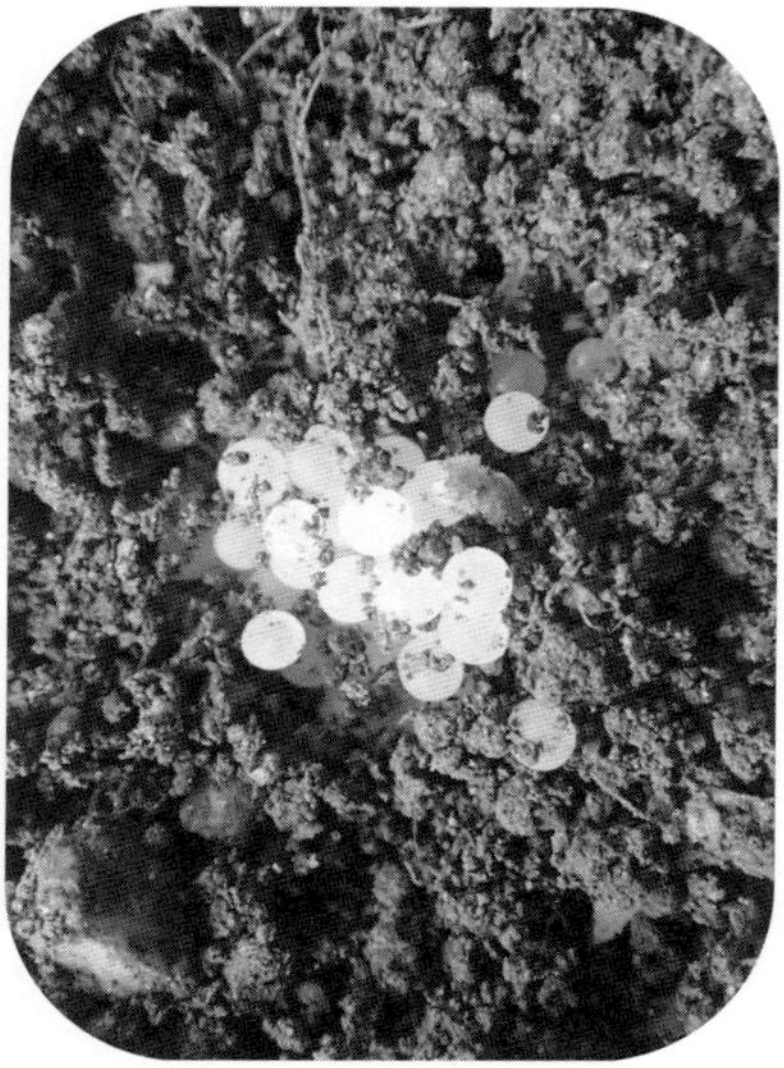

＊18：カタツムリの卵

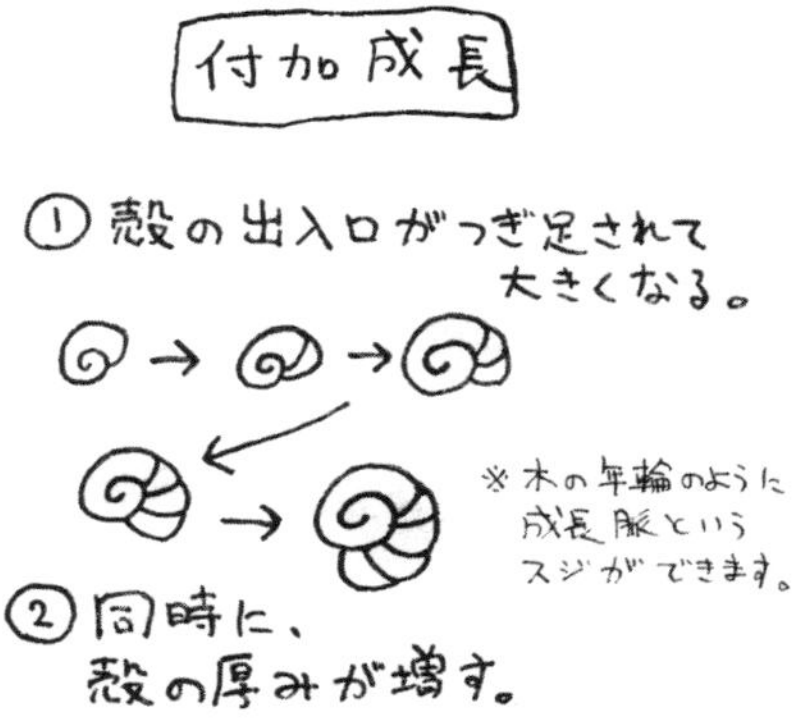

＊19：カタツムリの殻の成長

んカタツムリが孵化する。孵化したカタツムリにも、ちゃんと小さな殻がついている。そして、殻ごと少しずつ、大きく成長していくのだ。

殻の成長は、付加成長と言って、殻の出入り口に、徐々に新しい殻が付け加わり、トンネルが伸びていくように成長する。したがって、成長すると、渦巻きの巻き数が増えていく。**孵化した直後は1巻き半くらいだったのが、次第に2巻きになり、3巻きになり、4巻きになる**【＊19】。最終的な巻き数は種によっても異なるし、個体差もあるが、殻の出入り口にはこれ以上成長しないという大人の証しのようなものができる。**殻の出入り口が太くなって、反り返るのだ**【＊20】。

＊20：殻の反り返り

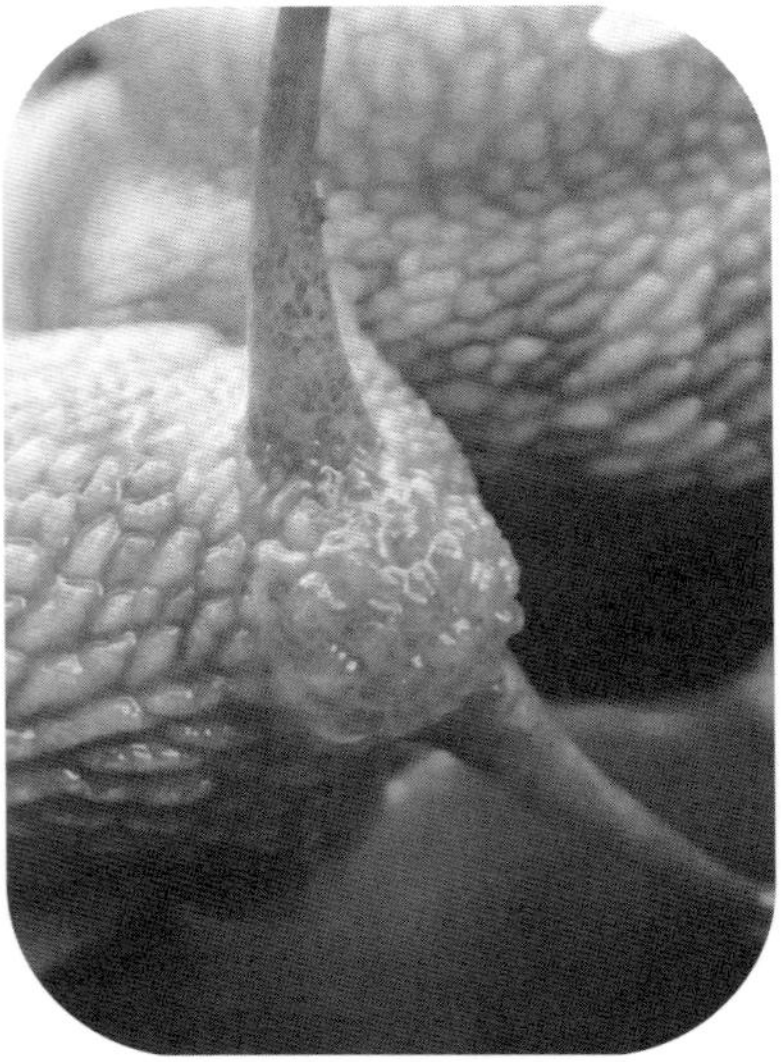

＊23：頭瘤

大人になったカタツムリはやがて、冬眠から覚めた春に、繁殖相手となるパートナーを見つける。

おもしろいことに、カタツムリは雌雄同体である（一部の系統を除く）。雌雄同体というのは、1匹がオスの機能とメスの機能の両方を持っているということ。生物の雌雄同体には、オスとメスが時期によって性転換する**異時的雌雄同体**【＊21】と、1個体にオスの機能とメスの機能が同時に備わっている**同時的雌雄同体**【＊22】とがあるが、カタツムリは同時的雌雄同体に当たる。

個体差もあるが、繁殖期には頭の大きなツノの間が膨らんで、**頭瘤**《とうりゅう》【＊23】というのができる。頭瘤の機能はよくわかっていないのだが、フェロモンを出しているのではないかと

＊24：カタツムリの交尾

考えられている。繁殖期の2匹が出会うと、ゆっくりと時間をかけて交尾を始める。私が野外で観察したときは、2匹は数時間かけてさんざんスキンシップをして気分を盛り上げた（？）後に、頭の右側の生殖器で、**写真のようなポーズで互いの精子を交換した**【＊24】。

交尾後は2匹とも産卵する。土を掘って、土の中に数十個の小さな白い卵を産むのである。

こうして、次の世代へと連綿と命をつない

＊21【異時的雌雄同体】　異時的雌雄同体には、メスからオスに転換する雌性先熟（ベラ、エゾフネガイなど）と、オスからメスに転換する雄性先熟（クマノミ、ホッコクアカエビなど）、さらにどちらにも何度でも転換する両方向性転換（ダルマハゼなど）がある。

＊22【同時的雌雄同体】　同時的雌雄同体の動物には、カタツムリのほか、ナミウズムシ（プラナリア）やクモヒトデなどがいる。

でいく。先述のように、カタツムリはたくさんの生きものに食べられる運命にあるため、できるだけたくさんの卵を産み、積極的に子孫を残さなければならない。

カタツムリの進化

生きものの進化は不思議である。地球上の生物種は、これまで発見されているだけで175万種、推定では870万種とも言われている。途方もない数だが、それらが40億年もの時間をかけて進化によって共通の祖先から多様化したということを忘れてはならない。つまり、どんなに異質な生物種であっても、時代を遡れば必ず共通の祖先がいるのである。どんな生きものにも必ず、違いがあると同時に、共通性があるのだ。

ヒトは脊椎動物であり、カタツムリは軟体動物である。これは大きな違いである。【*25】

脊椎動物は哺乳類をはじめ、鳥類、は虫類、両生類、魚類が当てはまり、脊椎を持ち、ヘモグロビンを含む赤い血が流れる動物だ。約3億9000万年前に、陸上に適応し始めたと考えられている。軟体動物とは、貝の仲間である。カタツムリ、タコ、イカ、サザエ、アサ

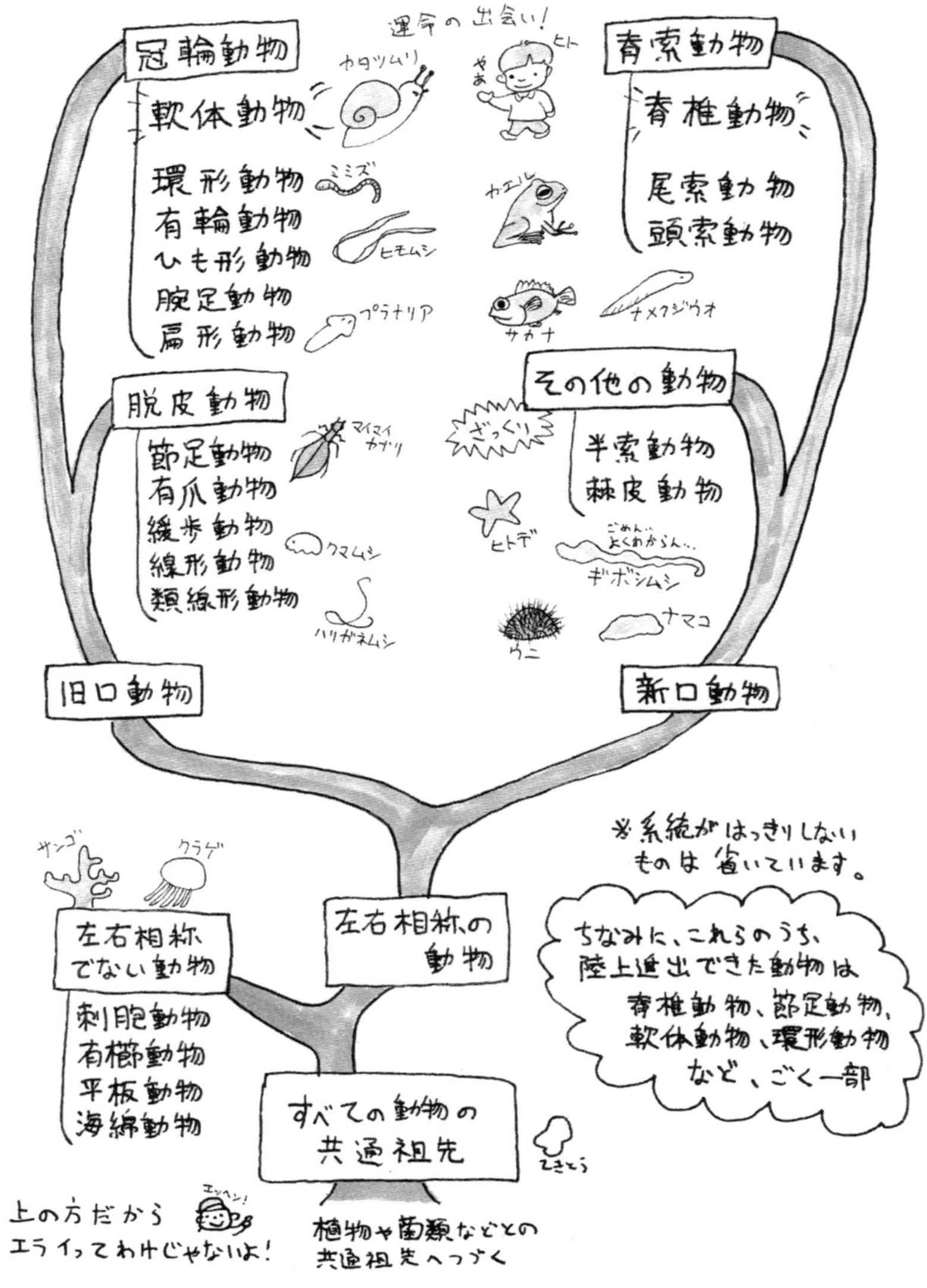

＊25：脊椎動物と軟体動物

リ、シジミ、ウミウシ、クリオネなどを含み、陸上よりも海中でより繁栄している。脊椎どころか骨格を持たない。ほとんどの軟体動物の血液は、ヘモグロビンではなく、ヘモシアニンという色素を含むので、血は薄い青色。陸上に進出した時期はよくわかっていない。

軟体動物はからだの中に骨を持っていないが、その代わり、軟体を保護するための殻を持つようになった。殻を持つ前の、最初の軟体動物がいつ誕生したのかは定かではないが、化石記録から、およそ5億年前の**カンブリア紀**【＊26】の初期には殻を持つ軟体動物がいたことがわかっている。そして、軟体動物のほとんどのグループはカンブリア紀に出現していたと考えられている。

カンブリア紀は、生物が爆発的に多様化した時代として知られる。生物が多様化した理由の一つに、アノマロカリスに代表される大型肉食動物の出現がある。多様な捕食者に襲われるようになった軟体動物はいつしか、身を守るために、殻を持つようになったのである。当時の代表的な軟体動物に、**ウィワクシア**【＊27】や**オドントグリフス**【＊28】がいる。彼らは歯舌《しぜつ》を持っていたことから、軟体動物と考えられている。オドントグリフスは草履のような生きもので、ウィワクシアは全身をかたいウロコで覆い、背中には鋭いトゲをはやしていた。ウィワクシアはかなりの重装備だが、そこまでしないと、身を守れなかったのだろうか。

地質年代表 *26

※年代は、日本地質学会「地質系統・年代の日本語記述ガイドライン 2023年9月改訂版」を参考にした。

1年換算	実際の年代	代	紀		出来事
1月1日	46億年前	冥王代			地球の誕生
2月17日	40億年前	始生代			生命の誕生
5月7日	25億年前	原生代			真核生物の誕生、エディアカラ生物群の繁栄、軟体動物の誕生？
11月19日	5億3900万年前	古生代	カンブリア紀		「カンブリア爆発」と呼ばれる生物の多様化、オゾン層の出現
11月23日	4億8500万年前		オルドビス紀		最古の陸上植物の化石
11月26日	4億4400万年前		シルル紀		節足動物の陸上進出
11月28日	4億1900万年前		デボン紀		魚類の繁栄
12月3日	3億5900万年前		石炭紀		脊椎動物の陸上進出
12月8日	2億9900万年前		ペルム紀		
12月12日	2億5200万年前	中生代	三畳紀	前期	恐竜、哺乳類の誕生
	2億4700万年前			中期	
12月13日	2億3700万年前			後期	
12月16日	2億100万年前		ジュラ紀	前期	恐竜類の繁栄
12月18日	1億7500万年前			中期	
12月19日	1億6200万年前			後期	最も古い鳥類の化石
12月20日	1億4500万年前		白亜紀	前期	被子植物の誕生
12月24日	1億100万年前			後期	白亜紀末に、現生鳥類の祖先を除く恐竜が絶滅
12月26日	6600万年前	新生代	古第三紀	暁新世	霊長類、食虫類、食肉類の出現
12月27日	5600万年前			始新世	奇蹄類、鯨偶蹄類、翼手類、長鼻類の出現
12月29日	3400万年前			漸新世	
12月30日	2300万年前		新第三紀	中新世	
12月31日 午後2時頃	530万年前			鮮新世	人類の出現
午後7時頃	260万年前		第四紀	更新世	
午後11時58分	1万年前			完新世	現代に至る

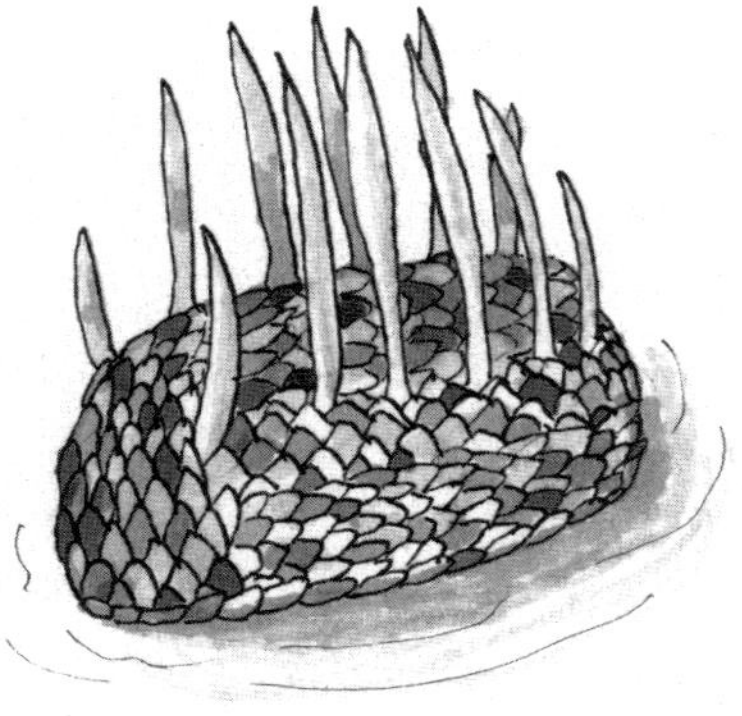

＊27：【ウィワクシア】

＊28：【オドントグリフス】

カンブリア紀に軟体動物はさまざまな種類に進化した【＊29】。絶滅したグループも多いが、現存する代表的なグループを挙げると、掘足類というツノのような細長い貝殻を持つグループ。タコやイカ、オウムガイ、絶滅したアンモナイトなどを含む頭足類というグループ。アサリやホタテガイ、ハマグリなどの二枚貝の仲間である斧足類のグループ。サザエ、そしてカタツムリを含む巻き貝の仲間、腹足類のグループなどがある。

軟体動物はほかにも多様なグループがあるが、おもに海で繁栄していて、現在までに陸上進出に成功している軟体動物は腹足類（巻き貝）、つまりカタツムリだけなのだ。

ＤＮＡの研究によれば、現在も生息する海

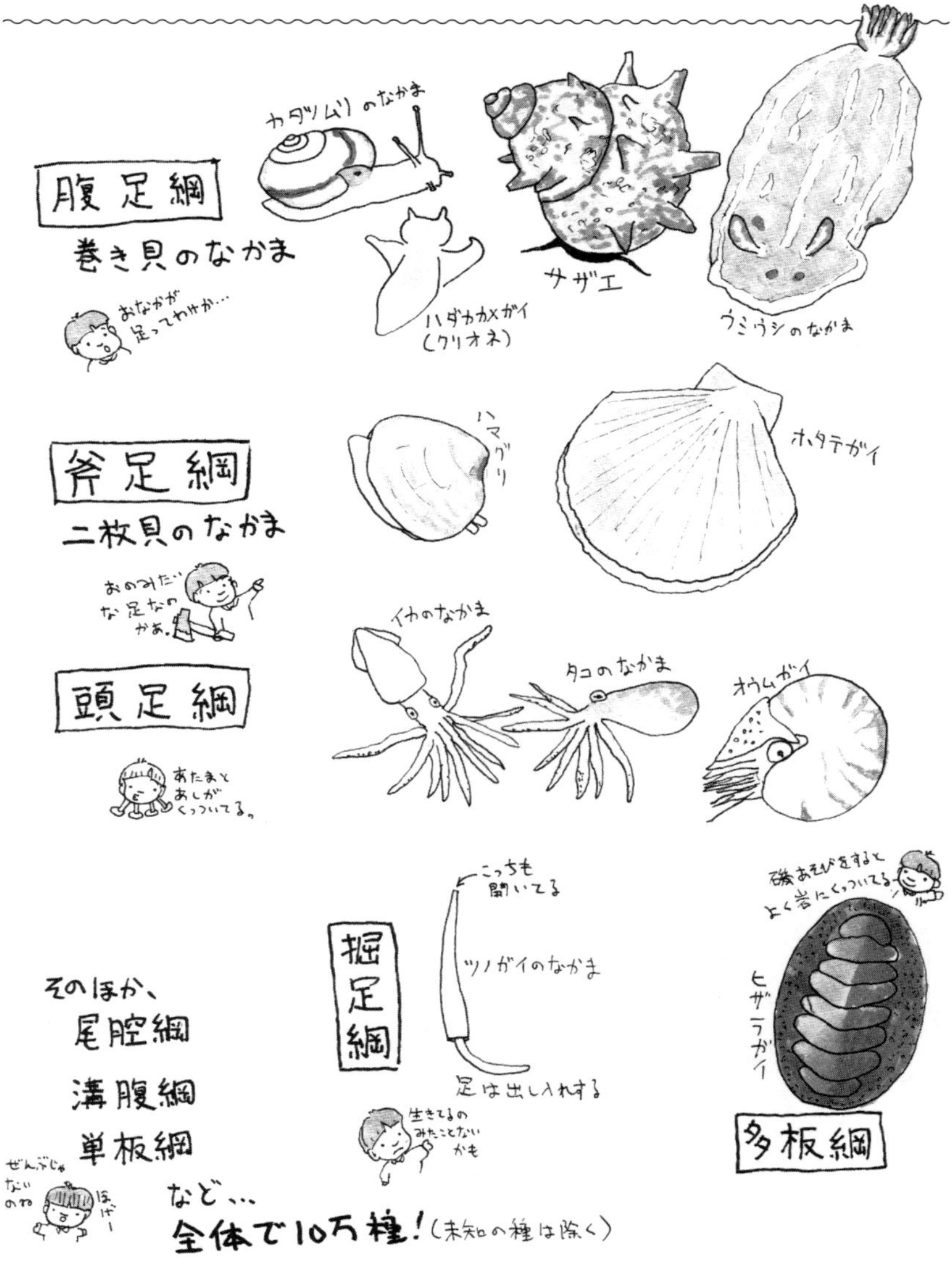

＊29：軟体動物のグループ（おもなもの）

※**「綱」とは**：「綱（こう）」は生物の分類階級の１つ。生物には、界＞門＞綱＞目＞科＞属＞種という分類階級がある。例えば、ツクシマイマイは、動物界＞軟体動物門＞腹足綱＞柄眼目＞ナンバンマイマイ科＞ツクシマイマイ（種）というように、次第に細かく分類される。ちなみに、「類」は一般的な総称で、たとえば「軟体動物類」や「貝類」なら軟体動物門の総称であり、「腹足類」なら腹足綱の総称である。

の貝類のなかで、肺こそないが比較的カタツムリに近い仲間として、アメフラシやハダカカメガイ（クリオネ）、ウミウシなどが挙げられる。ウミウシはほとんどがナメクジのように貝殻を退化させた巻き貝で、「海の宝石」と呼ばれるくらい色とりどりの多様な種類があり、ダイバーを中心にウミウシファンは多い。陸上で嫌われ者のナメクジとは大違いである。

さらに、ウミウシとカタツムリとの共通の祖先に近いのが、海中の砂底に生息するクルマガイや、淡水の湖や沼に生息するミズシタダミという貝類だ。たしかに、クルマガイやニホンミズシタダミの貝殻を見る限りは、**外見的にだいぶカタツムリに近いものがあるように思える**【＊30】。ウミウシよりもだいぶ地味だが。

陸上への進出

腹足類（巻き貝）は、軟体動物のなかでも陸上に進出しやすい条件が整っていた。

腹足類はその名の通り、おなかのところで這って移動する。水流を利用した移動方法ではなかったので、他の軟体動物に比べ、陸上での移動に支障がなかった。繁殖方法も、例えば二枚貝類などは体外受精をするため、水から出て繁殖することは難しかったのに対し、腹足類は体内受精をするようになっていた。採食も、水中に浮遊する有機物を濾過して食べるような方式ではなく、藻類などを歯舌で削り取って食べることができたので、陸上でも特に困ることがなかった。

とは言え、そのまますんなり陸に上がれたというわけではなさそうだ。まずは呼吸。エラ呼吸を肺呼吸に切り替えるという、からだの大改造を成し遂げる必要があっただろう。乾燥に適応する必要もあったので、いざというときに、引っ込んで隠れることができた点は、巻き貝の有利な点だ。ただ、水中では浮力があるから良いものの、陸上では貝殻の重量がかなりの負担になったと思われる。実際、海中の巻き貝に比べ、カタツムリの殻は薄く、軽いものがほとんどである。

＊30：カタツムリに近い貝類
（クルマガイ科の一種）

私たちヒトとはまったく異なるプロセスで、同じように海から陸へと上がってきたカタツムリたち。明らかに異質な生命体ではあるが、同時に同じ苦労を分かち合える生命体でもあるのだ。

ところで、海の中にもいわば「海に棲むカタツムリ」と呼べるものがいる。カタツムリ

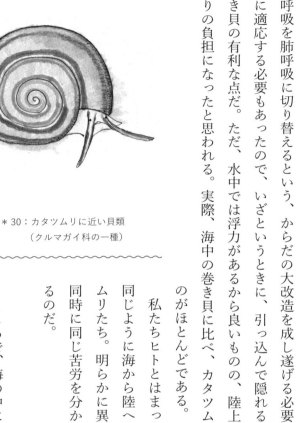

は腹足類のなかでも、肺呼吸のできる有肺類という仲間に含まれるが、その一部に、現在も海に生息するものがいるのだ。陸に生息する貝類をカタツムリと定義すると、これらはカタツムリとは言えないが、肺呼吸をするものと定義すると、これらもカタツムリに含まれる。

ウミマイマイはその名の通り、見た目もカタツムリっぽさがあるが、干潟の泥底に棲んでいる。カラマツガイの仲間は、見た目はカサガイという貝の仲間のようで、とてもカタツムリの仲間とは思えない。でも、れっきとした肺呼吸をするカタツムリの仲間である。私は有明海の干潟に棲む**ヤベガワモチ**【＊31】という愛らしく美味しそうな名前の生きものにも魅力を感じているのだが、そんなヤベガワモチを含むイソアワモチの仲間も、貝殻をなくしたカタツムリの仲間である。淡水だが、モノアラガイやサカマキガイも肺を持つ。

イソチドリ【＊32】や、タケノコクチキレ、**タマノミドリガイ**【＊33】、**コノハミドリガイ**【＊34】という貝類は以前はウミウシに近い仲間と考えられていたが、ＤＮＡ解析により、有肺類の仲間とみなされるようになった。一応、どれも巻き貝の仲間ではあるのだが、その生態や外見は多様で、カタツムリには似ても似つかないものもいる。

この本では、これらの海に棲むカタツムリはあくまで例外とするが、うーん、ますます、カタツムリの定義が怪しくなってきたぞ……。

＊31：【ヤベガワモチ】

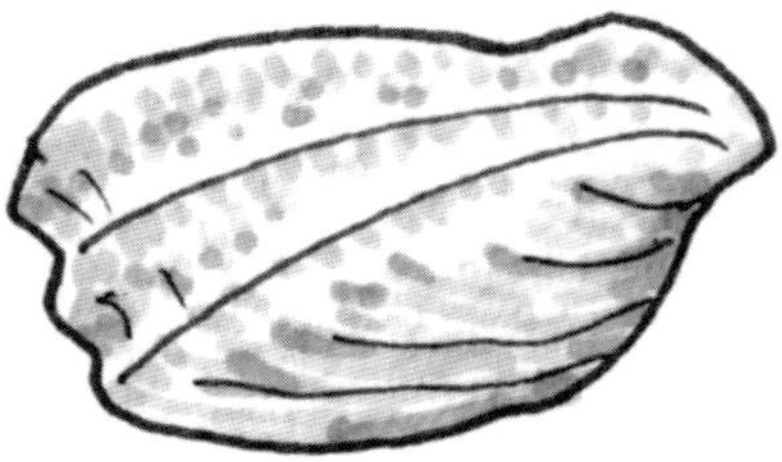

＊32：【イソチドリ】

＊33：【タマノミドリガイ】

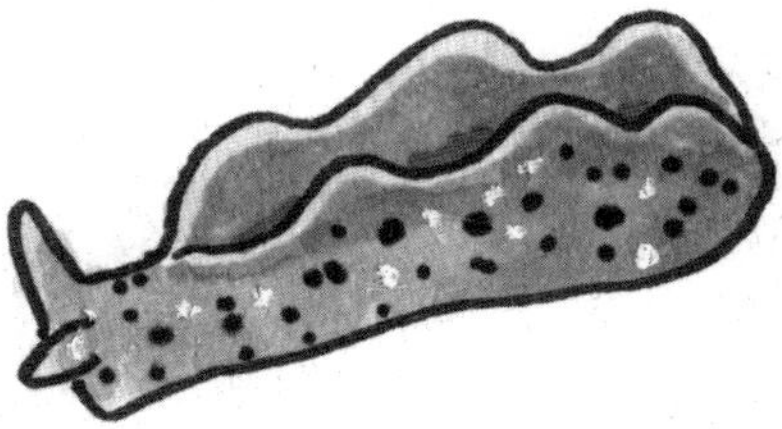

＊34：【コノハミドリガイ】

多種多様なカタツムリ

さて、陸上の貝類としてのカタツムリは、日本で約800種おり、今後さらに発見されて増えていくことだろう。非常に多様な生物なのである。ごく一部ではあるが、ここで紹介してみよう。

一般に、カタツムリと聞いて多くの人がイメージする典型的なカタツムリらしいカタツムリは、マイマイ属という仲間のカタツムリである。「ツクシマイマイ」「ミスジマイマイ」「クチベニマイマイ」などのように、和名の最後に「マイマイ」が付くグループだ。「マイマイ」はそれ自体、古くからあるカタツムリの呼び名で、多くの種の生物学的な名称（標準和名）には、マイマイが付く。

しかし、こうしたいかにもカタツムリという感じのカタツムリは、陸の貝類全体のなかではごく一部に過ぎない。大きいものや小さいものがいるのはもちろん、変なかたちのものも少なくない。たとえば、殻に毛が生えているカタツムリがいる。代表的なのが、本州中西部

＊35：**【ツシマケマイマイ】**福岡に生息する、殻に毛の生えたカタツムリの一種。

＊36：**【カドバリヒメマイマイ】**北海道に生息するヒメマイマイというカタツムリのうち、石灰岩地帯に生息する殻の角ばったタイプのこと。

と四国に生息するオオケマイマイ。また、**ツシマケマイマイ**【＊35】という殻に毛の生えたカタツムリも、福岡ではよく見かける。こうした毛の生えたカタツムリは白亜紀の琥珀の中からも見つかっており、殻に毛があることにはなんらかのメリットがあると考えられるが、実のところよくわからない。毛ではないが、石灰岩地帯には、角ばった殻を持つ**カドバリヒメマイマイ**【＊36】というカタツムリも生息する。

身近なところに、とんがった殻を持つカタツムリもいる。これは先述のキセルガイという仲間で、「マイマイ」が付かず、代わりに付くのは「…ギセル」である。その見た目は、カタツムリらしいカタツムリとはだいぶ印象が違うだろう。陸上に生息する軟体動物では

＊37：**【ヤマタニシ】**本州、四国、九州に分布するカタツムリの一種。

＊38：**【オカチョウジガイ】**北海道、本州、四国、九州に分布するカタツムリの一種。

あるが、「カタツムリ」に含めていいものか悩む人もいるだろう。ちなみに、カタツムリの多くの殻は右巻きだが、このキセルガイの仲間の殻はなぜか左巻きである。

殻ではなく、軟体が異なるカタツムリもいる。原始紐舌目に属する**ヤマタニシ**【＊37】は、その名の通り、水棲のタニシ類に近い仲間だが、厳密にはタニシとも違う。この仲間は殻の出入り口にフタがあるのが特徴だ。ツノが1対（2本）しかなく、大きなツノの先端には眼がなく、ツノの付け根に眼がある。柄眼目のカタツムリのようにツノだけをひっこめることはできない。この仲間には、アオミオカタニシというきれいな色のカタツムリがいることも知られている。きれいな色と言えば、コハクオナジマイマイというカタツムリは、

＊40：**【ヤマナメクジ】**本州、四国、九州に分布する大型のナメクジ科のナメクジの一種。

＊39：**【チャコウラナメクジ】**ヨーロッパ原産のコウラナメクジ科のナメクジの一種。おもに東海地方より西に分布し、東側にはおもにニヨリチャコウラナメクジが分布するとされる。

殻の中央がレモン色をしていて、きれいである。この黄色は実は軟体部の色が透けていて、ビタミンB2をからだに蓄積させているために、蛍光色のような黄色をしているのだという。ちいさな**オカチョウジガイ**【*38】の仲間は、軟体部全体が黄色である。

　さて、カタツムリが進化して殻を失ったのが、ナメクジである。ナメクジのなかには、背中に殻の名残があるものもいる。外来種の**チャコウラナメクジ**【*39】などがその代表である。山地に多い**ヤマナメクジ**【*40】などは殻の名残もなくなっている、体長15cm以上にもなる大型のナメクジである。

　殻の小さなカタツムリもいる。ベッコウマイマイの仲間には、殻が外套膜というヌルヌルで覆われた種類もいて、ヒラコウラベッコウなどは殻のほとんどが軟体部に隠れてしまう。そうなると、見た目はほぼナメクジである。

海外のカタツムリ

世界には3万5千種以上もの、さらに多様なカタツムリがいる。

世界最大のカタツムリは**アフリカマイマイ**【*41】という東アフリカ原産のカタツムリで、日本では外来生物として、沖縄県や鹿児島県、小笠原諸島などで繁殖している。殻の高さは20㎝にもなり、カタツムリとしてはかなりの大型であることがわかるだろう。

一方、現在見つかっているなかでもっとも小さいカタツムリは、殻の直径が1㎜にも満たない。ハンガリー人のアンドラーシュ・フニャディさんが、中国南部で発見したそうだ。そんな小さなカタツムリをよく見つけたと思うが、彼は研究者ではなく、ただのカタツムリ好きらしい。カタツムリの種類はたくさんあるが、そうしたアマチュアの「カタツムリ好き」が発見しているものはとても多い。

キューバやパプアニューギニアなどの南国には、美しい殻のカタツムリもいる。私は実際に目にしたことはないのだが、**コダママイマイ**【*42】などは、実にカラフルである。カラフルなのは殻に限ったことではない。海外のカタツムリのなかには、軟体部が真っ赤なカタツムリもいるそうだ。さらに、東南アジアにはホタルのように発光する種類も見つかっている。一度は見てみたいものである。

のんびりゆえの多様性

さて、カタツムリの種類がこれほど多くなったのは理由がある。それは、移動能力の低さゆえ、である。

＊41：**【アフリカマイマイ】**東アフリカ原産のカタツムリで、世界最大のカタツムリ。日本には食用として持ち込まれ、野生化した。（写真／ Adobe Stock）

＊42：**【コダママイマイ】**「世界一美しいカタツムリ」とも言われるキューバ固有のカタツムリの仲間。本当に「世界一」かどうかは見る人それぞれだが、とてもきれいである。キューバ政府は1943年から輸出を禁止し、ワシントン条約で商業目的の国際取引は原則禁止されている。（写真／ Adobe Stock）

カタツムリはいつもぴったりと接地しなければ移動ができず、生息地がちょっとしたことで分断されてしまうのだ。**小川が1本あるだけで、カタツムリには渡ることができない【＊43】**。一般に、生物の生息地が分断されると、その分断された地域ごとに、独自の進化を遂げることになる。

ガラパゴスゾウガメを始め、島固有の独特な生物相で有名なガラパゴス諸島。ダーウィンが進化論のアイデアを着想した島として知られている。ガラパゴス諸島が島ごとに独自の生態系を持ったのは、海によって分断された陸地であるがゆえに、多くの生きものが渡ることができず、独自の進化を遂げたからである。

生息地が分断されやすいカタツムリは、言わば至るところがガラパゴスになりやすいということ。のんびりゆっくりな、あの移動様式ゆえに、日本だけで約８００種というほど多様化したのである。

人の世界は、近代になってグローバル化が急速に進んできた。物流も人の移動もどんどん高速化して、情報も、さらには感染症さえ、あっという間に地球規模で広がるようになった。そうした傾向は、多様化とは逆行した、均質的な世界へ向かうことになりかねない。

私は人の生き方も、もう少しのんびりゆっくりで、身近な世界を大切にしていいんじゃな

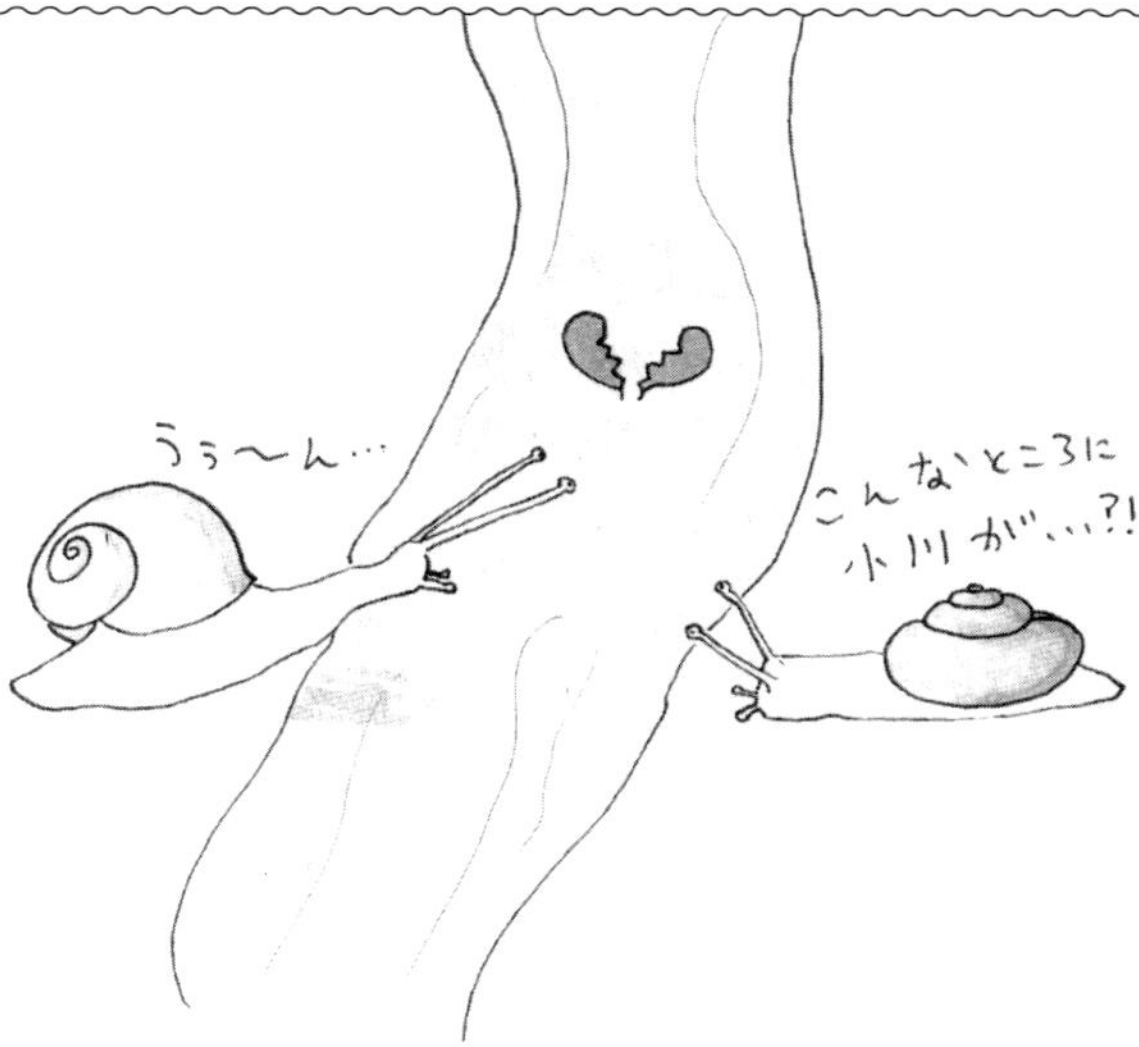

＊43：生息地の分断

いかなという気がする。それぞれの地域に独自の自然があり、そんな自然と結びついた多様な文化や社会があって、それを尊重して生きられるようになったら、世界はある意味で、とっても豊かになるんじゃないかと思う。

子どもがいると特にそう感じる。私や妻は人見知りなのだが、同じように人見知りな息子がいて、3歳にして「社会に出すことを急かされる」プレッシャーを感じることがしばしばある。本来、人見知りは苦労もあるが、それ自体が悪いわけではない。カタツムリはすぐに引っ込むが、それが身を守る術なのである。

でも、周囲はそうは思わないようで、3歳児健診のときなどは「努力して直さなければいけない」というプレッシャーが非常に強かった。早くから保育園に預けないと子育てと仕事が両立できない世の中なので、仕方がないのだろう。私としては、家計的には苦労が避けられないが、まずは親との愛着関係を基礎として、ゆっくり少しずつ世界を広げてほしいと思っている（２０２４年現在、８歳になった息子は、マルシェに出展して自分でミニ科学教室を開くほど社交的である）。

話が脱線してしまったが、なにかと急かされる世の中は、今の時代で終わりにしたい。これからの時代の道しるべになるのは、きっとカタツムリの生き方である。

ツクシマイマイ

←模様のないもの、
線（色帯という）の
多いもの、
色の濃いものなど
いろいろ。
ツクシマイマイは糸島では代表的な
かたつむり。大きい種類では、
ほかに、コベソマイマイもいます。
模様は変異がある。

マルシタラガイ

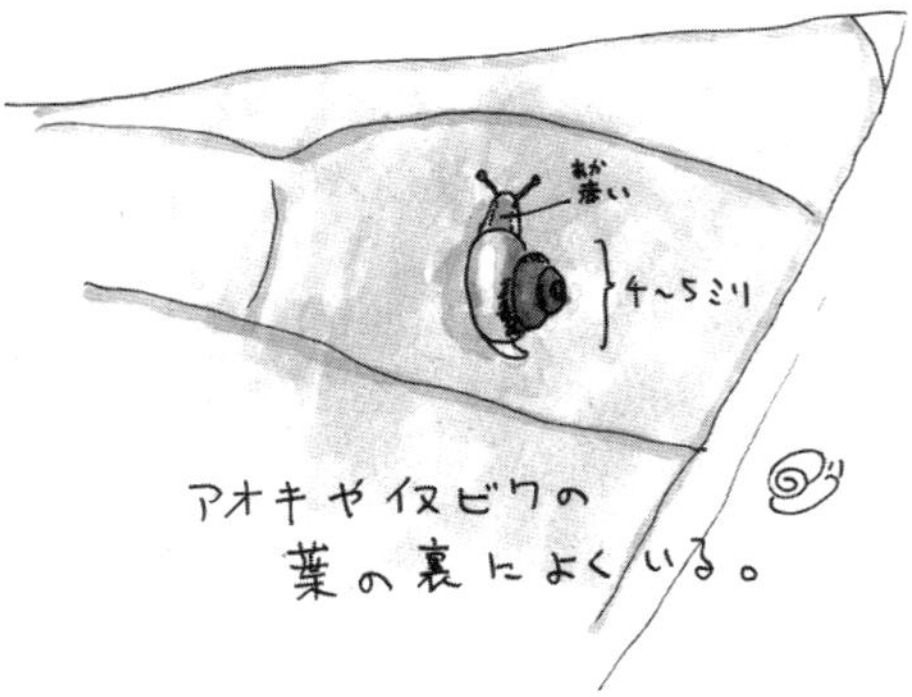

赤い
4～5ミリ
アオキやイヌビワの
葉の裏によくいる。

いろいろなカタツムリ＋α

ツシマケマイマイ

殻のふちに毛のようなものがあるかたつむり。
とれてなくなってることもある。

ヒメオカモノアラガイ

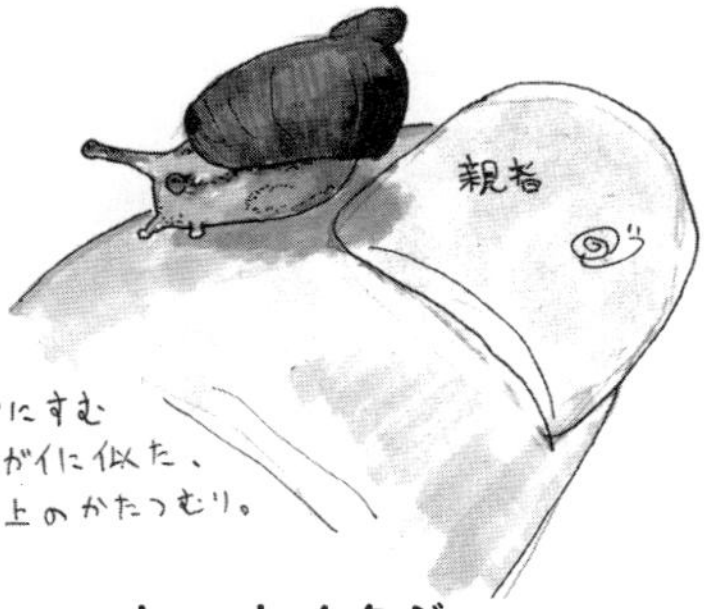

水中にすむモノアラガイに似た、陸上のかたつむり。

コハクオナジマイマイ

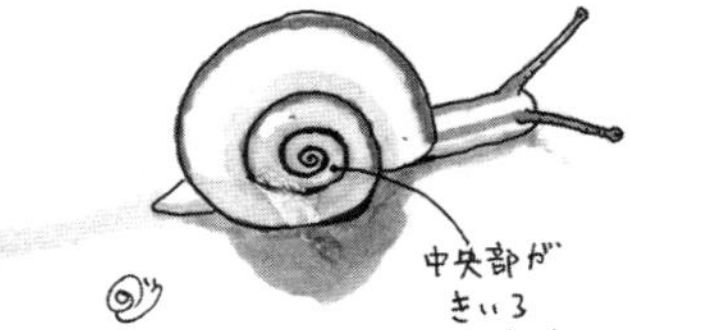

からだにビタミンB2を蓄積させているため、蛍光のきいろに見える。

ヤマナメクジ

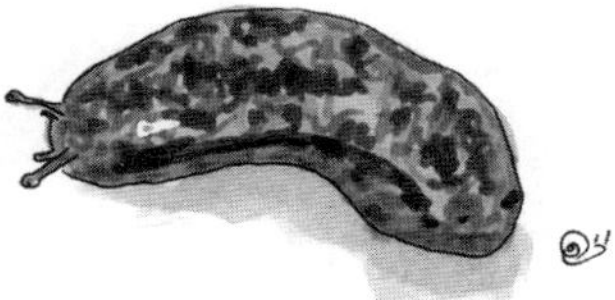

ナメクジは、殻のないかたつむりの仲間
ヤマナメクジはなかでも特大サイズ。
迷彩模様で意外と気づかない。

ウスカワマイマイ

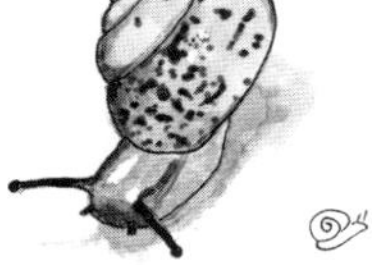

市街地にも田畑にも、
色々なところに出没する。

コベソマイマイ

殻の独特な模様は、
軟体部が透けている。
森の中にいることが多い。
大きい。
みにょーんと、くびをのばしてするすると動く。

ヤマタニシ

ほかの多くのかたつむりとはちがい、
ツノが2本で、目がツノのつけ根にあり
殻にはかたいフタをする。

たぶん よく当たる！
マイマイ診断
きっと 大評判！
～あなたにぴったりのカタツムリと出会える～
スタート
どちらかといえば街に住んでいる
これエビデンスあるの？
あーないない
ここからスタート
はい
いいえ
流行には敏感だ
人前に出るのはとっても苦手
はい
いいえ
大きな玉手箱と小さな玉手箱なら大きい方がいい
キセルガイ科タイプ
誰もやってないことに挑戦してみたい
ヤマナメクジタイプ
はい
いいえ
マイマイ属タイプ
ウスカワマイマイタイプ
自分の机は散らかっている
寝癖のまま外出しがちだ
はい
いいえ
コベソマイマイタイプ
ヤマタニシタイプ
マルシタラガイタイプ
ダコスタマイマイタイプ
※本来800種あるタイプを、8タイプにしてます。
予防線張ってんなぁ～

ウスカワマイマイタイプ

ちょっと小さめ。でも、身近なかわいいマイマイが、あなたにはぴったり。「こんなところで?!」という場所で出会えるうれしさがありますよ。

ラッキーポイント
花壇

マイマイ属タイプ

ポピュラーで身近なマイマイがあなたにぴったり。ご当地マイマイを調べるのもおすすめ。殻の模様も多様です。

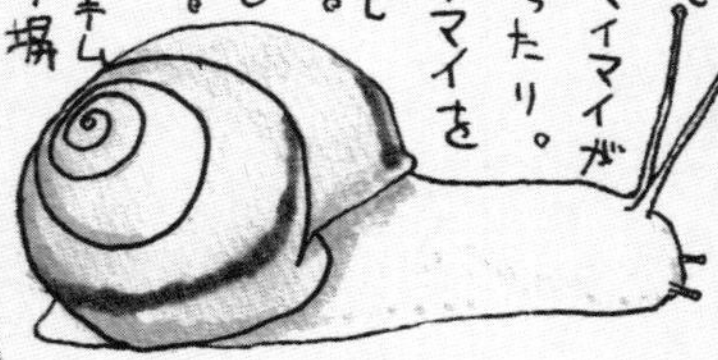

ラッキーアイテム
ブロック塀

キセルガイ科タイプ

みんなが右なら、左。みんなまるくなったら、とがりたくなるあなた。あまのじゃくなところがあるあなたには、キセルガイがオススメ。似たもの同士で集まるのは好きなのかも。

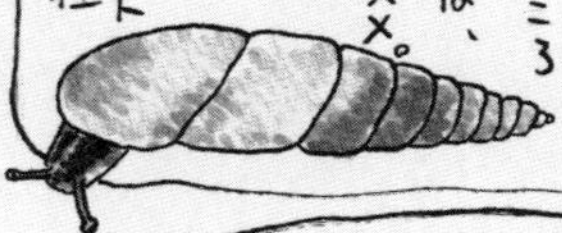

ラッキーポイント
神社

ヤマタニシタイプ

物事にはきっちりフタをしたいという几帳面なあなたにオススメ。不安定なところにとどまるのは苦手。色気づいたらたちまち人気者になりますよ。

ラッキーカラー
グリーン

マルシタラガイタイプ

誰も気づかないところでいっしょうけんめい生きているあなたにオススメ。日の当たるところに出されると、思うように自分が出せないかも。気をつけて。

ラッキーアイテム
大きな葉っぱ

コベソマイマイタイプ

ひとりでずんずん歩んでいく行動的なあなたにおすすめ。一方で、ちょっとしたことでもびっくりして、殻にこもってしまいがち。実は繊細で感受性豊か。

ラッキーポイント
シースルー

ヤマナメクジタイプ

どっしりかまえて、ささいなことでは動じないあなたにおすすめ。謎めいて神秘的な存在感は、森の守り神のよう。

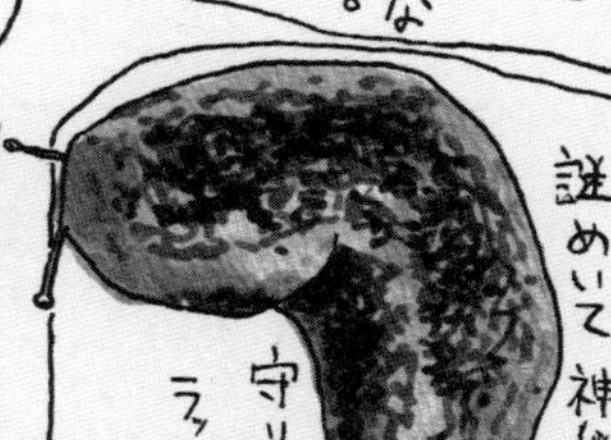

ラッキーアイテム
きのこ

ダコスタマイマイタイプ

地味で目立たないようで、実はオシャレな一面をもったあなたにぴったりなマイマイ。知れば知るほど魅力的なので、密かなファンが多いかも。

ラッキーアイテム
カフェラテ

かたつむり見習いくん

作のじまさとし

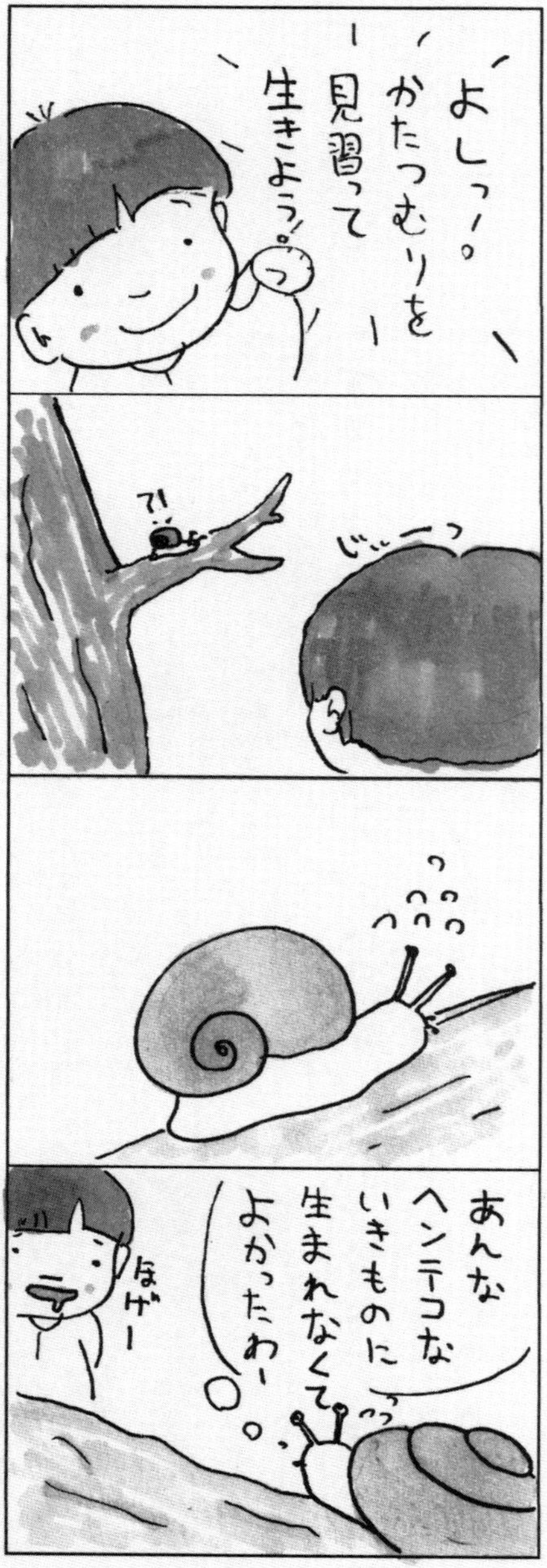

第2章

地に足の着いた生き方

這《は》うという行動様式

田舎暮らしに自動車は必需品である。

私が住んでいるのは、**福岡県の糸島市**【＊1】。福岡市の隣で、海も山もある。地名に「島」が付くので離島と誤解されることもあるが、離島ではない。もともと「怡土《いと》」と「志摩《しま》」という2つの地域が合併したのが由来である。

田舎は好きなのだが、移動はやはり不便だ。福岡市が近いので独身時代は自転車だけでもなんとかなったが、家族がいると自家用車は欠かせない。

ただ、私は自動車の運転がどうも好きになれない。万が一のことがあれば人の命を奪うリスクのある乗り物を自分が操縦するなど、身の丈を超えている。できる限り、歩いて移動したいといつも思っている。

それになにより、歩く方が楽しい。

車を運転しながらカタツムリを見つけることはほぼないが、歩くと自然に出会うことがある。小さな自然の変化にもよく気がつく。「今日はいつもより暖かいなぁ」とか、「もうツクシが生えてる」とか、「変なキノコがあるぞ」など、歩いていれば色々なことを感じる。あるいは自転車でもいい。「今日は風が冷たい」とか、「なんかいい香りがするなぁ」とか、同じように身の回りの変化によく気づける。きっと、馬車や犬ぞりでも同じかもしれない。

カタツムリは人の歩き以上に、ゆっくりと前に進む。私がいくらカタツムリを見習おうと思ったところで、カタツムリの歩みばかりはマネができない。這うことを移動手段に選ぶなど、これから先もまずないだろう。

もっとも、ヒトという生きものも、誕生したばかりのころは這って移動していた。それは、ハイハイである。

最初は足をジタバタさせるだけだったのが、ズリズリと腹ばいで移動できるようになって、やがてハイハイができるようになる。その後は、つかまり立ち、伝い歩きを経て、歩けるようになるというのが普通である。ちなみにうちの息子は、そのような「普通」には当て

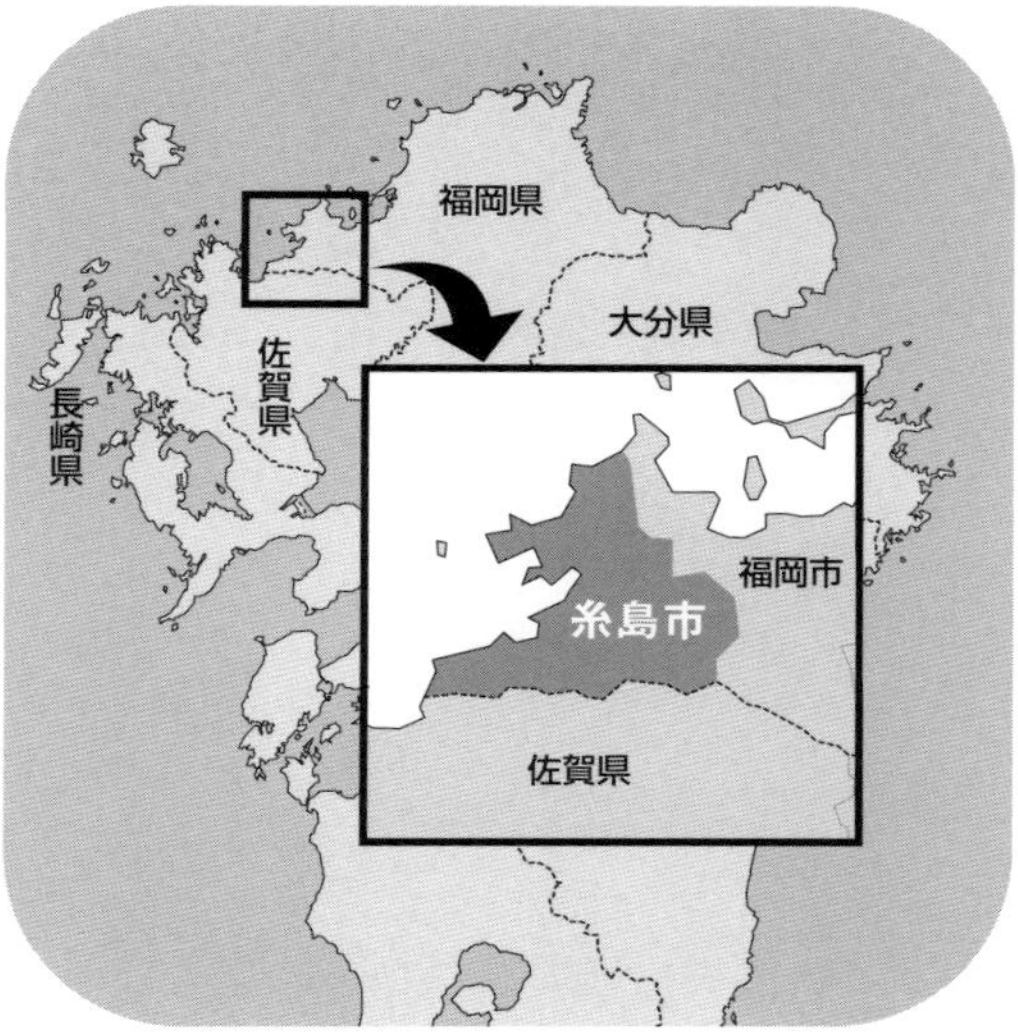

＊1：福岡県糸島市

はまらなかった。ハイハイをせず、腹ばいの次は片足が座ったままで移動するようになり、次につかまり立ち、伝い歩きを経て、歩くようになった。そんなパターンもあるが、ともかく誕生当初は這って移動するということに変わりはない。

這うとは言っても、赤ん坊のハイハイはあくまで手や足の力によって這っている。手も足も使わずに移動するわけではなく、大人が真似するならば、「お馬さんごっこ」か匍匐前進である。では、手も足もないカタツムリは、いったいどのように身体を使って移動しているのだろうか。

陸上の生きもので、手足がないものはカタツムリだけではない。代表的なのが、ヘビ、そしてミミズである。カタツムリは最後にとっておいて、まずは、ヘビやミミズの移動メカニズムについて考えてみよう。

ヘビも這う

ヘビは、身体をウネウネとくねらせて這う。とは言え、ただウネウネすれば前進できるというものではない。

試しに、自分の腕を小さなヘビに見立てて、机にくっつけてウネウネさせてみよう。前にも後ろにも進まないはずだ。前に進めようと思ったら、腕の一部を机に押しつけつつ、ほかの部分を机から少し浮かせて、前進させることになる。基本的にはヘビもそれと同じで、からだの一部を地面に押しつけ、固定することが必要である。這って移動するためにからだの一部を接地し、固定することを「アンカーリング」と言う。アンカー（anchor）とは、船の錨《いかり》のことである。

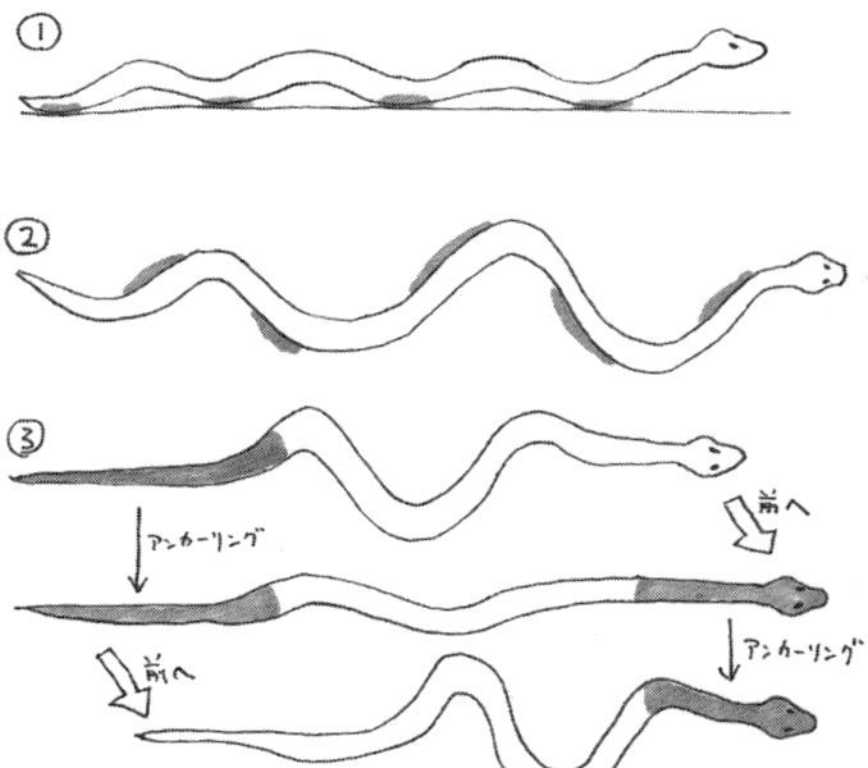

＊2：ヘビの這い方

ヘビが前進するときには、からだの一部をアンカーリングしつつ、残りの部分を地面から浮かせている。**からだの接地させる部分と浮かせる部分をうまく変えながらウネウネすることで、前進しているのだ**【＊2】。一言でウネウネと言っても、ヘビのウネウネもいくつかのパターンがある。横にウネウネするものもいるし、縦にウネウネするものもいる。どれも、基本的には地面の凹凸や障害物を利用してアンカーリングをしながら移動している。

例外なのは、**ヨコバイガラガラヘビ**【*3】というアメリカ西部の砂漠に生きるヘビだ。砂の上にはアンカーリングすることが難しいので、独特のウネウネ方法で、横向きに移動する。砂はもはや液体に近いので、砂を泳ぐと表現したほうが良いようにも思える。

ミミズも這う

続いて、ミミズについて考えてみよう。

ミミズも、アンカーリングをしながら移動するという点はヘビと同じだ。ただ、からだをくねらせてウネウネするわけではない。

環形動物という仲間に属するミミズのからだは、たくさんの「体節」とよばれる節に分かれている。一本の竹を想像してほしい。竹はいくつもの節に分かれているが、ミミズも同じで、いくつもの体節に分かれている。竹と比べると、一つ一つの体節の間隔は狭い。ともかく、この体節が、ミミズの移動様式を考える上ではとっても大切なのである。うむ。

ミミズは一つ一つの体節が伸び縮みし、縮んだ体節は太くなる【*4】。体節には小さな剛毛が生えているので、縮んで太くなった体節は地面にひっかかり、そこでしっかりアンカーリングする。一方、伸びた体節は細長くなり、接地せずに浮くことになる。伸び縮みは前から

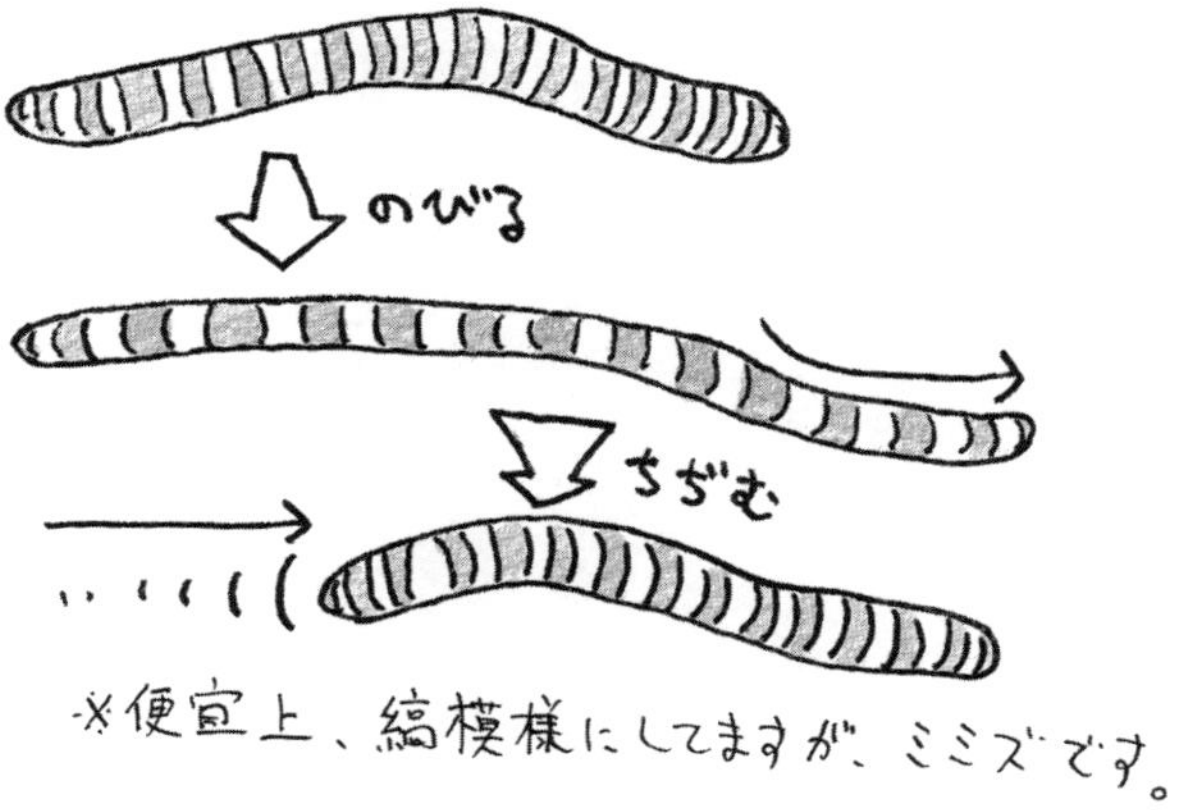

＊4：ミミズの這い方

後ろへ波のように流れていき、その流れにしたがって、ミミズは前進することができるのだ。

このやり方だと、ヘビのようにS字にウネウネしなくても前進できるし、土の中にもぐって移動するにはこのやり方が適している。生命とは、実によくできている。

ミミズも実におもしろい生きものである。カタツムリをさがしていてミミズと出会うことは少なくないが、ミミズを見つけたら、まずはじっくり動く様子を観察してみることをおすすめしたい。伸び縮みしながら、じょう

＊3【ヨコバイガラガラヘビ】アメリカ西部に生息するクサリヘビ科のヘビの一種。砂地に適応したヘビで、S字状にからだをくねらせながら横向きに移動する。

ずに穴を掘って潜っていく。白いバットなどにのせて観察すると、移動の仕方がわかりやすい。

カタツムリの這い方

さて、本題に戻ろう。カタツムリはいったい、どのように這って進むのだろうか。

第1章のイラスト（P018）のように透明の下敷きなどにくっつけてカタツムリの裏側を見ると、カタツムリはからだ全体をピッタリとくっつけているように見える。浮いている部分はなく、どこかをアンカーリングしているようには見えない。厳密には、からだを数十マイクロメートル程度わずかに持ち上げているという報告もあるようだが、いずれにせよあいだは粘液で満たされているので、ヘビやミミズとはちょっと事情が違いそうだ。

カタツムリの裏側を観察していると、黒っぽい帯が流れていくのがわかる。この黒っぽい帯は、後ろから前に向かって流れていく。カタツムリなどの腹足類に見られるこの動く帯のことを、「足波《そくは》」という。このような足波は、腹足類の多くで見られるが、種類によって足波の流れ方はさまざまである。

同じ巻き貝でもアメフラシの足波は、前から後ろに向かって流れるし、ヘビのウネウネやミミズの伸び縮みの波も、前から後ろに流れる。昆虫の幼虫であるイモムシやケムシの多くには腹脚《ふくきゃく》と呼ばれるあしがあるが、**イラガ**【＊5】というガの幼虫には腹脚がなく、お腹をうねらせて歩く。興味深いことに、イラガの幼虫が歩行するときの波は、カタツムリ同様に後ろから前へと流れる。ただ、イラガはからだを浮かせながらうねり、粘液は出さない。

カタツムリの移動メカニズムの鍵は、そのねばねば、つまり粘液にある。この粘液、ただのねばねばだとあなどることなかれ。**特殊な性質を持っていて、かかる圧力に応じて、あるときには滑りを良くし、あるときには粘着力を発揮する**【＊6】。粘性と弾性を合わせた「粘弾性」と呼ばれる特性によって、この不思議な性質が支えられており、移動のときに欠くことができない大切なものになっている。

カタツムリはからだと地面のあいだが粘液で満たされているが、腹足《ふくそく》の筋肉を使って粘液にかける圧力の向きや強さを変化させる。そうすることで摩擦力が変化して、ある部分では摩擦が生まれてアンカーリングし、ある

＊5：**【イラガ】**チョウ目イラガ科のガの総称。幼虫はいわゆる毛虫だが、まるで陸にいるウミウシかのようにカラフルで独特。刺されると痛い。

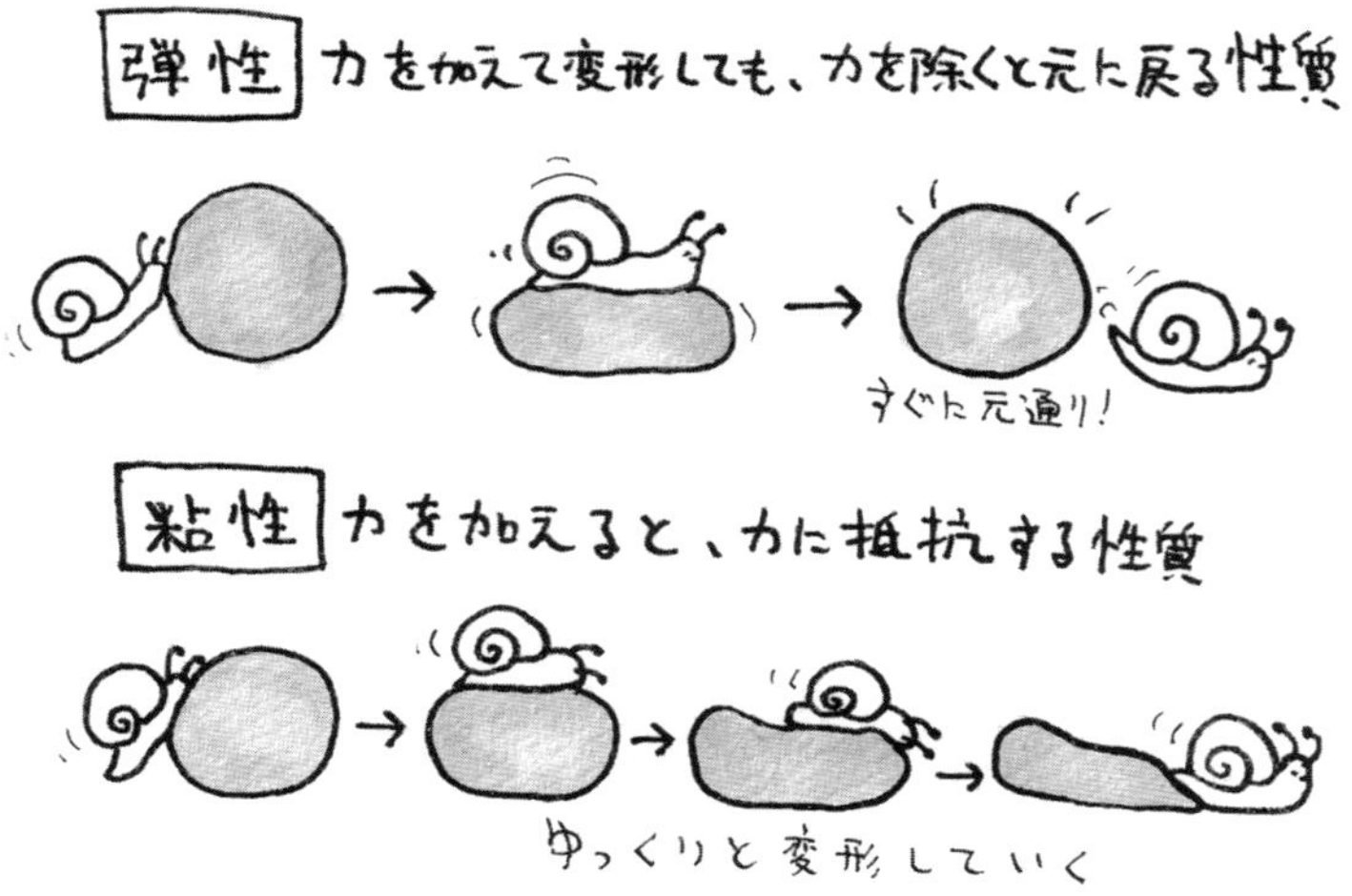

＊6：粘弾性

部分ではすべりが良くなって、前進する力に変わるというのである。

すべすべしたり、ねばねばしたり、相矛盾するようだが、粘液には、にわかには理解しがたい性質がある。粘液とはなんとも不思議だ。

この説明でもいまいちつかみづらいところもあるかもしれない。というか、書いている私にもわかるようでよくわからないというのが正直なところだ。

ともあれ、カタツムリはこの移動様式のおかげで、複雑な環境を自由自在に移動することができる。細いツタを伝ってさかさまになっても大丈夫。バラ科のトゲもなんのその。探してみると、高い木の上にもいたりする。

シンプルなようで奥が深い、這うという移動様式。もしも人間がカタツムリのように縦横無尽に動くことができたなら、環境もずいぶん違うだろう。壁も歩けるし、天井も歩けるから、狭い土地でも広く活用できる。

鳥になって空を自由に飛びたいという人がよくいるが、意外とオススメなのは、カタツムリになることだ。空中では翼が休まらないが、カタツムリは壁や天井にくっついたまま、殻にこもって眠ることもできるのだから。

ぬるぬるねばねばの粘液

カタツムリが這うときに、粘液が重要な役割を果たすことはわかった。しかし、粘液のすごさはそれだけではない。ここではさらに、カタツムリの粘液そのものに焦点を当ててみよう。

そもそも彼らのからだには、どうしてぬるぬるねばねばの粘液が必要だったのだろうか。理由は一つではないだろう。ざっと思いつく理由を挙げてみよう。

◆這って移動するため

詳しいことは先述した通りである。カタツムリは這うために粘液をうまく利用している。すべるように移動できるのも、重力に逆らって壁や葉っぱの裏側などにもぴったりくっついて止まれるのも、ぬるぬるねばねばした粘液の性質のおかげなのである。

這ったあとに粘液だけがきらきらと残されるのも、なんだか詩的で、風情がある。

◆保水のため

もともと海の貝類から進化したカタツムリにとって、乾燥は大敵だ。水分は空気中に蒸発してしまうこともあれば、乾燥した地上に浸透してしまうこともある。粘液があることで水分は蒸発しづらく、かつ地上に浸透しづらくなる。粘液がなければ、カタツムリはたちまちミイラになってしまうだろう。陸上生活にはとても適応できそうもない。

◆からだの表面を保護して清潔に保つため

泥まみれのカタツムリやナメクジというのはあまり見かけない。それは、粘液によってからだの表面の汚れが常に洗い流されているからだ。また、塩などの刺激物が軟体部に触れると多量の粘液を分泌する。これも、異物を洗い流して身を守るためである。

ちなみに、ナメクジに塩をかけるととけるという話は誤りで、実際には浸透圧によって体外に水分が排出され、漬物のように縮んでしまい、同時に多量の粘液を出すので、とけているように見えるというだけである。

◆外敵から身を守るため

外敵におそわれたときには、短時間に多量の粘液を分泌する。この効果は、ナメクジをピンセットなどの道具でつまもうとするとよくわかる。つるつるすべって、ちっともつまむことができない。逃げやすくなるとともに、身体に傷がつきづらくなる効果もあるだろう。また、ねばねばの粘液のせいで、捕食者にとっては単純に食べにくいに違いない。

酵素なども含まれていて、傷を修復したり、雑菌から身を守ったり、紹介した以外にもさまざまな役割があると考えられている。こうした粘液の機能、じつは人間にとってもなじみのあるものだ。人間の舌や鼻の穴の中がつねに湿っているのは粘液の作用である。化学物質をとらえて匂いや味の感覚を補助する役割もあるだろうし、乾燥から守ったり、異物が入ったりしないように洗い流すのも鼻水という粘液の大事な役割だ。目や口や消化管の内側も粘液でおおわれている。粘液がなければ、胃は胃酸という刺激物でたちまち潰瘍になってしま

＊7：**【アズキガイ】**原始紐舌目に属するカタツムリの一種。殻が豆のアズキに色も大きさも似ている。ヤマタニシなどと同じ仲間であり、ツノは2本でフタがある。

＊8：エピフラム

う。粘液には私たちもたいへんお世話になっているのだ。

もう一つ、カタツムリならではの、粘液の大事な役割がある。殻のフタとしての役割だ。

サザエにかたいフタがあることをご存知の方は多いだろう。同じようにヤマタニシや**アズキガイ**【＊7】などの一部のカタツムリは、生まれながらにかたい殻のフタを持っている。一方、柄眼目という多くのカタツムリには、そのようなフタはない。

その代わり、柄眼目のカタツムリは殻の出入り口に粘液の膜を張る。この粘液は、水分が蒸発すると**エピフラム**【＊8】と呼ばれる白い薄膜に変化する。このエピフラムが、殻のフタになるのだ。念のため強調しておくと、エビフライではない。エピフラムだ。

エピフラムには、エビフライと違って接着力があるので、壁や木の枝、葉の裏などにくっついたまま、休眠することができる。フタを持ったヤマタニシなどにはなかなかマネできない。冬眠など長期の休眠の際には、さらに何層もエピフラムを張って、乾燥や外敵の侵入から身を守る。通気性にも優れていて、フタをしていても必要な酸素は供給されている。

カタツムリの粘液の機能は、人間生活にも応用されている。

エピフラムは強い接着力がある一方、水に濡れるとすぐにふやけてやわらかくなり、きれいにはがせる。この特徴を生かした接着剤も開発されているという。また、カタツムリの粘液を使った化粧品もあるというから驚きだ。効果のほどは定かではないが、少なくとも保湿力はありそうだ。

ぬるぬるねばねばの粘液は、カタツムリやナメクジが嫌われてしまう理由の一つでもあるが、カタツムリの生き方を支える大事なもの。その点、どうかご容赦いただければと、カタツムリを代理して、お願い申し上げる。

生まれたときから殻がある

子どもというのは不思議で、幼いころから確かにその子のパーソナリティがある。思えば息子は2、3歳のころから空想の世界で遊ぶのが好きで、生きものが好きで、冗談をよく言ったり、料理が好きだったりした。生きもの好きとは言え、私とは傾向が異なり、幼いころからカタツムリが特別好きということはなく、むしろサーベルタイガーやスズメバチなどの強そうな生きものが好きなようだった。さらにマイマイカブリが好きになり、戦々恐々としてしまったこともある。

8歳になった現在の息子とは少し違う部分もあるが、それでもきっと、心の中心部分はこのくらいのころにできていたのだろう。

ところで、カタツムリの殻は、おなじみのうずまき模様である。

第1章でも述べたように、カタツムリは卵から孵化した直後、1巻き半の小さな貝殻を背負っている。この貝殻は、カタツムリの成長とともに大きくなる。殻の出口が少しずつ継ぎ足され、2巻き、3巻き、4巻き……と、だんだん巻き数が増えていく。殻の主成分は炭酸カルシウム。軟体を覆う外套膜とよばれる部分で炭酸カルシウムを合成して、殻を継ぎ足すのだ。こうした成長のしかたを「付加成長」と呼ぶ。

つまり、カタツムリの殻の中心は、ずっと孵化直後の子ども時代のままなのだ。私はこうしたカタツムリの殻の成長スタイルが、幼いころから心の中心部分ができている、人の心の成長に似ているように思えてならない。

殻の成長は殻口《かくこう》（殻の出入り口）が付加されるだけではない。殻の厚みも付加されていく。孵化直後のカタツムリはとても薄い殻しか持っておらず、簡単に壊れてしまう。けれど、大きく成長するにつれて、分厚く頑丈な殻になる。

これもまた、人の心の成長に似ている。傷つきやすかった子どものころに比べ、大人になると多かれ少なかれ、人間の心は図太くなる。

もし人の心を形として目で見ることができるなら、それはきっとカタツムリの殻のような「うずまき状」なんじゃないだろうか。カタツムリの殻と人の心が違うのは、カタツムリの殻は自分一人の力で合成し、修復するのに対して、人の心は他者の心に触れて成長し、他者の心に触れて修復するところなのかもしれない。

ちなみに、カタツムリの殻はなんらかの衝撃でヒビが入ったり、割れたりしても、多少の

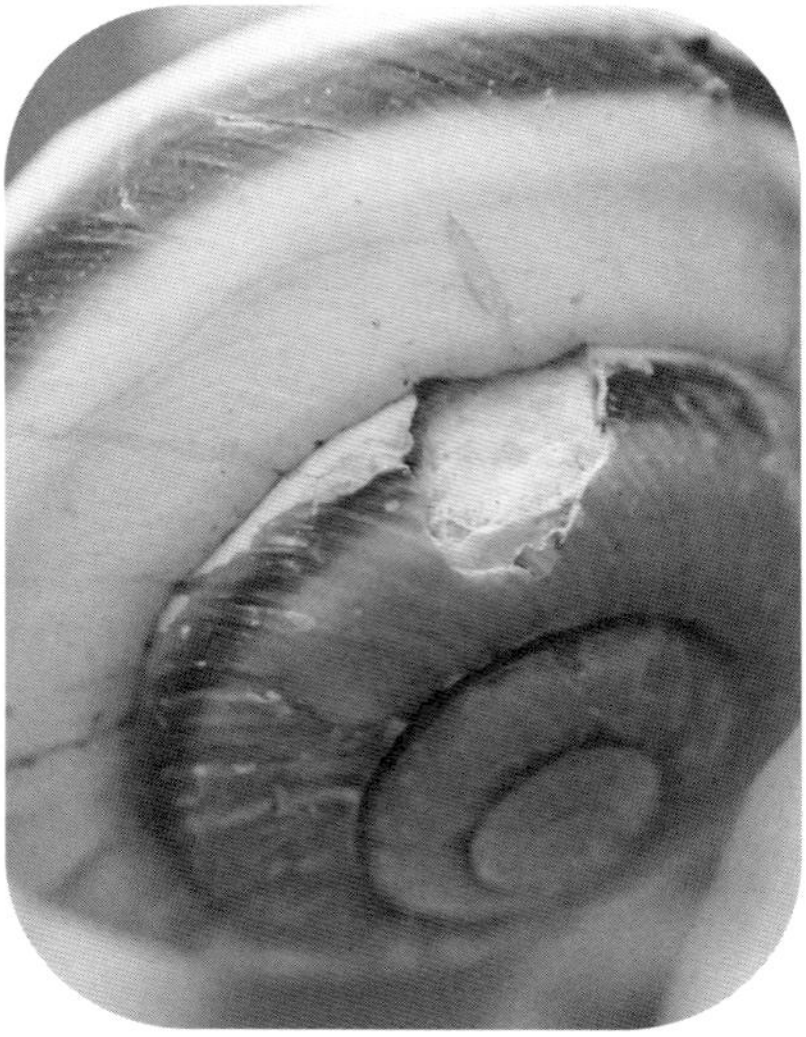

＊9：殻の修復

ことなら修復できる。**大きく割れてしまった場合は、白いあとが残っている**【＊9】。まったく元通りとはいかないが、独特のあじわいのある殻になってゆく。

触れることで世界を知る

私の幼いころのおぼろげな記憶の一つに、両手にたくさんのカタツムリをのせていた思い出がある。

東京の田無という地域に住んでいた当時、近所にいつもたくさんのカタツムリが集まるスポットがあった。その場所を通るたび、手当たり次第カタツムリを両手に乗せて、手の上を這い回る感触を楽しんでいたのだ。こうした感触の記憶というのは、いくつになってもずっと忘れないものだ。

カタツムリにとっても、触れるという感覚は重要だ。周辺環境についての情報を、軟体部やツノ（触角）などで触れることで得るからである。

ツノの大切な役割は、前章で述べたように、触覚（触れる感覚）である。だが、ツノの役割はそれだけではない。「見る」「味わう」などのさまざまな感覚もまた、ツノで得ている。カタツムリにとってツノは、ヒトにとっての手足であり、目であり、鼻であり、舌でもある。

柄眼目のカタツムリのツノは、頭部にある大きな2本と、口元にある小さな2本の、計4本【＊10】。それらのツノをくねくね動かすことで、障害物や食べものをはじめ、生きるために必要な身の回りのいろいろな情報を得ている。

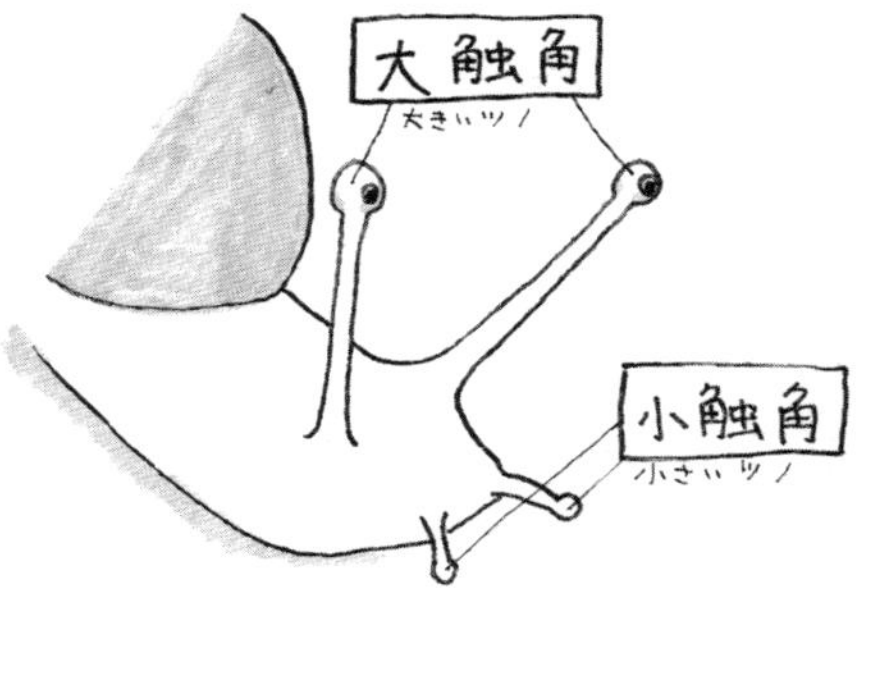

＊10：大触角と小触角

ツノの代表的な機能は、周囲に触れて、身の回りの物理的な形状を知ること。私たちが暗闇を手さぐりで歩くように、ツノをくねくねと動かすことで、障害物を発見し、歩きやすいルートを探ることができる。

また、ツノは嗅覚や味覚の感覚器でもある。おもに口元の2本の小さなツノ（小触角）で、匂いを感じたり、触れて味わったりする。

さらに、頭部の大きな2本のツノ（大触角）

には、先端に「眼点」と呼ばれる感覚器がある。「眼点」はヒトで言う目に相当する感覚器だが、ヒトの「カメラ目」のようにレンズで像を結べるものではない。つまり、身の回りの状況をぱっととつかんだり、物の形や動きがわかったりするようなものではないようだ。おそらく明るさの強弱がわかる程度だろう。ちなみに、同じ軟体動物でも頭足類のタコやイカの目は「カメラ目」という人間の目と類似した構造を持ち、像を結んで環境を知覚することができる。同じ軟体動物とは言え、その感覚は大きく違う。

ところで、カタツムリには人間の耳に相当する聴覚の器官がない。軟体動物でもタコやイカなどには聴覚があるし、二枚貝でも音を感じるものがいることがわかっている。もしかすると、カタツムリだって聴覚を感じる器官が見つかっていないだけで、体表面や未知の器官で聴覚を感じている可能性もある。しかし、野外で大きな音を立てながらカタツムリを探しても、すぐに引っ込んだりはしないので、少なくとも私たちと同じようには感じていないのだろう。

私たちが目で見て世界を描くように、カタツムリはきっと、ツノで触れることで世界を描く。さまざまな感覚器のついたツノをくねくねと動かし、世界に触れることで、カタツムリは身の回りの世界を描いている。

視覚が優位な人間とは対照的なようだが、思えば人間にとっても、触れるという感覚は重要なものである。私がカタツムリを好きになった理由の一つは、幼いころにカタツムリを手にのせて遊んだからだ。

人は、心が発達した生きもの。同時に、心とからだは分かちがたいほどに結びついてもいる。

感情で表情が変化することはもちろん、緊張すると手に汗をかいたり、嘘をつくときに無意識のうちに口元を手で隠していたり、心の動きとからだの動きはいつも一体である。そして、大事な人に手を握ってもらうと安心するように、からだの感覚を通して、心も動く。つまり、私たちにとってからだに触れるということは、同時に心に触れることでもある。

触れるということは、もしかすると、感覚のまったく異なるカタツムリと人間が互いに心を通わせられる（ほぼ唯一の）貴重な手段なのかもしれない。

行き当たりばったりな食べものさがし

嫌いな食べものは、人それぞれにあるものだ。ピーマンが苦手とか、シュンギクがダメとか、キノコ類は全部ダメとか。私はなぜか、どうしても嫌いだという食べものがないが、カタツムリも、移動能力が低いことから、あまり食べものの選り好みはしないとされる。草木やコケなどの植物はもちろん、地衣類、キノコなどの真菌、昆虫やミミズなどの死骸、それから土壌も食べることがある。手あたり次第なんでも食べると言えるが、それでも大なり小なり好き嫌いがある。

まずは、カタツムリがどんなプロセスで食べものを見つけ、食べているのか、考えてみよう。

1　食べものさがし

ともかく、カタツムリは歩き回る。なにを目指して動いているのか、正直私にはよくわからない。どこからか漂ってくるなんらかの魅力ある匂いを感じれば、匂いの源となる食べものへと向かう。ガードレールなどに残っているカタツムリの食べあとを観察する限り、ふと気まぐれに空腹を感じて、足元にあるものが食べられるかどうか調べてみる、という状況もありそうだ。

2　とりあえず食べてみる

食べられそうなものを見つけたら、まずはツノ（小触角）で、それから唇で、感触や味を確認する。それが食べものとして魅力的であれば、さっそく食べ始める。ある程度満腹になれば食べるのをやめるし、あるいはなんらかの不快感があると、途中で食べるのをやめる。

3　嗜好が変化する

食べたものが栄養豊富でおいしければ、その匂いや味を覚えて好きになる。一方、苦みなど刺激があれば、その匂いや味を覚えて嫌いになる。また、毒性を感じて嫌いになることもあるようだ。植物の側も食べられる一方ではたまらないので、防御物質で身を守っていることは多い。タンニンなどの渋みもそうだし、毒成分、苦み、えぐみなども植物の防御物質であり、カタツムリは苦手とするかもしれない。ただし、人にとって嫌な味とカタツムリにとって嫌な味は、また違いそうである。

カタツムリにはこうした学習能力があり、食べものの嗜好性は、経験によって変化していく。

飼育しているカタツムリは、紙をよく食べる【＊11】。紙の主成分はセルロース。セルロースは糖類で、人間にとっては消化できない食物繊維だが、カタツムリは消化できるので、紙も重要な栄養源だ。紙には炭酸カルシウムも添加されているので、殻の栄養にもなる。繊維を接着するためにデンプン糊が使われていれば、これも栄養になる。

また、市街地に棲むチャコウラナメクジというナメクジは、雑食と言えるほどなんでも食べてしまう。生きもののフンや死がいを食べることもあるし、カラスノエンドウについている生きたアブラムシを丸のみしているのを見たこともある。

紙やアブラムシが食べられるものだと、彼らはいったいどうして気づいたのだろうか。たまたまちょっとかじってみて、おいしいと学習したということなのだろうか。なんという、行き当たりばったり……。

まぁ、行き当たりばったりなのは、人間も似たようなものである。

私に特別嫌いな食べものはないと書いたが、それはたまたま「出会っていないだけ」とも思っている。別の文化圏に入れば、たちまち嫌いな食べものができるかもしれない。今は好きな食べものでも、なんらかの嫌な出来事と結びつくと、途端に嫌いになる可能性もある。

たまたま一度食中毒に当たってしまって以来、もう食べられなくなったという話はよくある。この場合は、「嫌い」というよりむしろ「怖い」である。まんじゅうを食べてお腹を壊したら、落語の如く「まんじゅう怖い」と本気で思うことだろう。

そう考えると、反対に、好きな食べものがあるって素敵である。その食べものの味がおいしいのはもちろん、匂いや見た目、食べたときの状況なども含めて、それが好きだと思えたのだから。

＊11：紙も食べる

食べあとのふしぎ

部屋に掃除機をかけていると、カタツムリの食べあとを思い出す。掃除機をかけるときは、ヘッドを左右に振りながら、床全体をまんべんなく網羅するように意識する。これと同じことを、カタツムリが採食行動で行っているからだ。

＊12：ガードレール表面に残された、カタツムリの食べあと

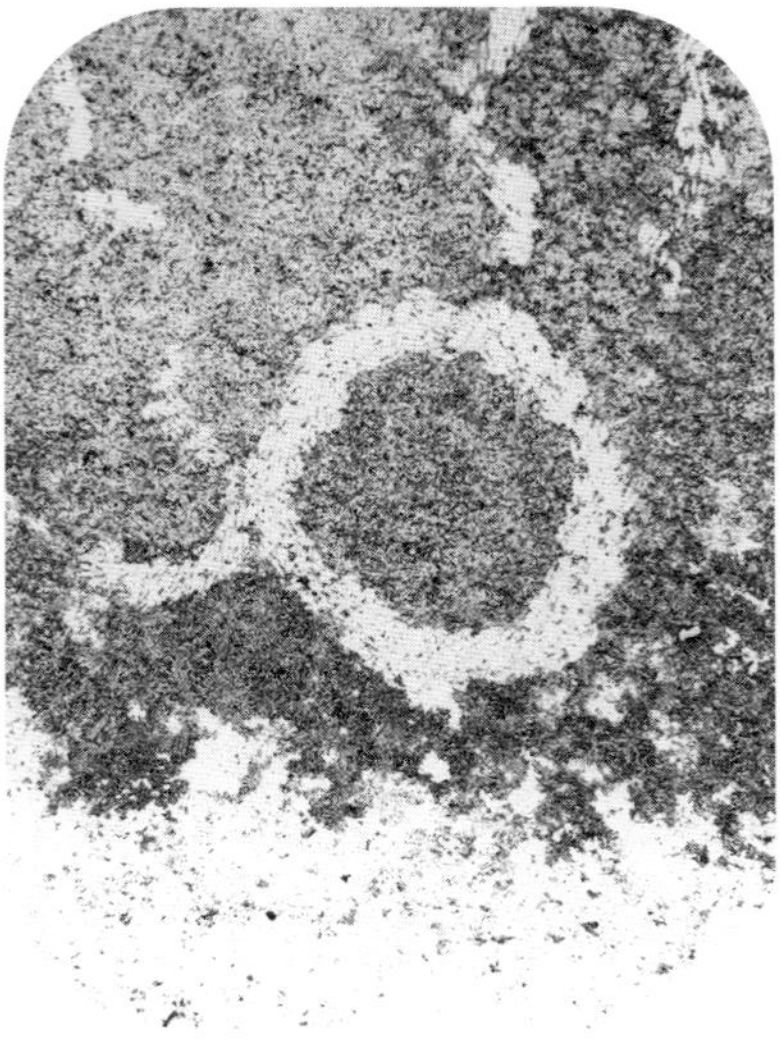

＊13：まる〜く描いたように食べたあと

ガードレール表面に残された、カタツムリの食べあとを見てほしい【＊12】。よーく見るとジグザグに食べているのがわかる。ガードレール表面にはクロレラなどの藻類がたくさん生えている。カタツムリはこの藻類をむしゃむしゃと食べて、栄養にしている。注意して見ると、ガードレールや看板など、いたるところにカタツムリやナメクジの食べあとがあることがわかる。

エネルギーを摂るために食べているのに、移動にエネルギーを使ってしまっては効率が悪い。そこで、移動をできるだけ少なくするため、頭を振って近くにあるものを効率よく食べようとする。掃除機と違うのは、なにも全体をくまなく食べなくてもいいということ。

そのため、ときどきおもしろい食べあとを見つける。たとえば、**まる〜く描いたように食べたあと**【*13】。からだをクルリと回転させながら食べたのだろうか。

先ほどは効率良く食べようとすると書いたが、全体を見ると、効率が悪そうに思えるところもあったりして、どうもちぐはぐである。もしかすると、同じものばっかり食べていると栄養が偏ったり、植物の防御物質である微量毒素が蓄積されて身体に悪かったりするのかもしれない。そのため、中途半端に食べるのをやめたりするのだろう。

ときには、食べあとがひらがなや、謎の言語に見えることもある。――もしかしたら、なんらかのメッセージを伝える「カタツムリ文字」なのかもしれない――などと妄想をしながら、食べあとを見るのもまた楽しい。

ぜひ今一度、身の回りに彼らの食べあとがないか、確認してみてほしい。じーっと観察していると、いろんな方向に想像力が広がる。

色とりどりのフン

カタツムリのおもしろい特徴の一つは、そのフンにある。

飼育したことのある方ならきっと経験があるかと思うが、カタツムリは、赤いトマトを食べれば赤いフンを、緑のホウレンソウを食べれば緑色のフンをする。カタツムリは植物の色素を分解できないので、食べたものの色がそのままフンの色になるのだ。

一方、人間は植物の色素を分解できるだろうか。

乳幼児が家にいると、うんちをじっくり目にすることがよくある。息子が幼いころ、おむつ替えのときにうんちの色を質問すると答えてくれた。

「えーっとねぇ……、ちょっとちゃいろで、ちょっとあかいろ！」

「あかいろはー、えーっとねぇ、にんじん！」

などと元気に教えてくれた。つまり、うんちには食べものの色が反映されているのだ。

うんちに食べものの色が反映されるということは、カタツムリ同様、人間も色素が分解できないのだろうか。

いや、そんな実感に反して、人間は植物の色素の多くを消化、吸収できる。多くの色素は消化され、吸収されるか、尿として排出されてしまう。また、人間の場合、肝臓で生成される胆汁色素によっても、うんちが着色される。

ただし、一部の色素は消化しきれずに残るし、まして乳幼児であれば消化管も未熟で、色素どころか、食べたものがそのまま出てきたりもする。だから、幼児のうんちには、食べたものの色が反映されるのだろう。

出てくるものに、食べたものの色が反映される。乳幼児とカタツムリの、ちょっとかわいい共通点だと思うのは、私だけだろうか。

ところで、カタツムリは、先述のように植物の繊維（セルロース）を消化して栄養にすることができる。本来、セルロースという成分は炭水化物に当たり、エネルギーのかたまりだ。しかし、人間は繊維まで消化することはできない。

カタツムリはセルラーゼというセルロースを分解する酵素を作ることができるので、植物の葉っぱばかり食べていても、エネルギーを効率よく吸収できる。セルラーゼを持っている生物は、微生物が多い。シロアリやゴキブリの腸内に共生している微生物、それからウシやヒツジなどの消化管に共生する微生物などである。カタツムリはその点、自前でセルラーゼを生成できる。

したがって、カタツムリは植物ばかり食べて健康的な食生活に見えるかもしれないが、案外、炭水化物をたっぷりとっていると言える。米ばかり、パンばかり、麺ばかり食べている

＊14：フンを折りたたむカタツムリ

誰かと、案外似たようなものかもしれない。

　カタツムリのフンには素材としての可能性もあるようだ。オランダのデザイナーであるリースケ・シュレーダーさんは、さまざまな色の紙をカタツムリに食べさせ、そのカラフルなフンをヘラで型に押し込んで直径5㎜ほどのひも状に加工し、最終的にカラフルなタイルを制作している。ちょっと試してみたくなる。

　ちなみに、カタツムリのフンにはもう一つ、おもしろい特徴がある。**いつもフンがきれいに折りたたまれているのだ**【＊14】。手足のないカタツムリがどうやって折りたたんでいるのか、考えてみると不思議である。機会があればぜひ、観察してみてほしい。実に器用である。

地に足の着いた生き方

カタツムリは、卵から出てきてからずっと、地に足を着けて生きている。間に挟まっているものがあるとすれば、それは粘液だけである。カタツムリの歩いた後には、キラキラと粘液の付着した痕跡が残される。

＊15：点線になったカタツムリの足跡

足跡は、たいてい一本の筋として残されるのだが、ときどき、これが点線になっていることがある【＊15】。先ほど述べたように、腹足全体をぺったりと着けて移動するだけなら、点線にはならない。なぜこのような点線ができるのだろうか。

詳しい理由はよくわからないが、地面の乾

燥が激しい、熱いなど、特別な事情があって「急ぐ」ときは接地面積を減らし、このような点線の足跡を残すのだと思われる。実際、飼育中のカタツムリも、(ほんの短い距離ではあったが)乾燥した木の表面に点状の足跡を残していたことがある。つまり、点状の足跡はカタツムリが焦っている証しなのだ。なんらかの危険を感じたということである。

カタツムリはいつもゆっくり、のんびり生きているように見えるが、それはあくまで私たち人間からそのように見えるというだけのことだ。カタツムリの時間感覚で世界を見ると、彼らは彼らなりに焦ったり、急いだり、のんびりしたりしている。実を言うと、私自身もそういうところがある。内心では焦ったり、慌てていたりするのだが、他人からはマイペースでゆっくりしているように見えるようだ。

カタツムリは、這うという行動様式をとり、触れることで世界を知る。せかせかと生きる人間から見ると効率は悪そうだが、近い範囲にあるものを着実に利用して、縦横無尽に移動しながら、小さな範囲で得られるものを使って生きている。ほんの身の回りの世界しか知覚することができないのに、きちんと食べて、子孫を残している。

本当に豊かな生き方とは、こういうことなのかもしれない。

自動車に乗り、飛行機に乗り、短時間に長距離を移動する生活が可能になった人類だが、身近な世界がちっとも見えていない。小さな世界に見えても、彼らのようにくっついて、縦横無尽に這いまわることができるなら、世界の広さは平面ではない。立体的に広がる複雑な世界だ。格段に広くなる。私たちも、身の回りに小さく広がる豊かな世界を存分に味わって、生きていきたいものである。

コラム 1

カタツムリと数学

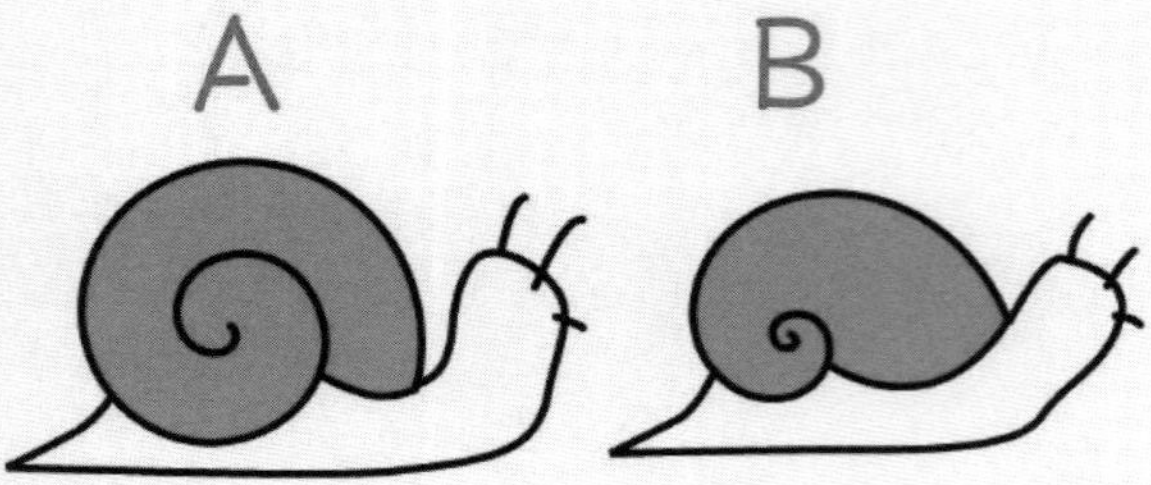

さて、こちらに2種類のカタツムリのイラストがあります。よく見ると、うずまきの描き方が違います。あなたはAとB、どちらの殻のカタツムリが好みですか？

実は、これらはそれぞれ異なる数学的規則に基づいたうずまき（螺旋形）を描いています。

Aは「アルキメデスの螺旋」と呼ばれる形。Bは「対数螺旋（等角螺旋、ベルヌーイの螺旋）」と呼ばれます。Aを極座標の方程式で表すと、$r=a\theta$となります。

アルキメデスの螺旋の 極座標の方程式	$r = a\theta$

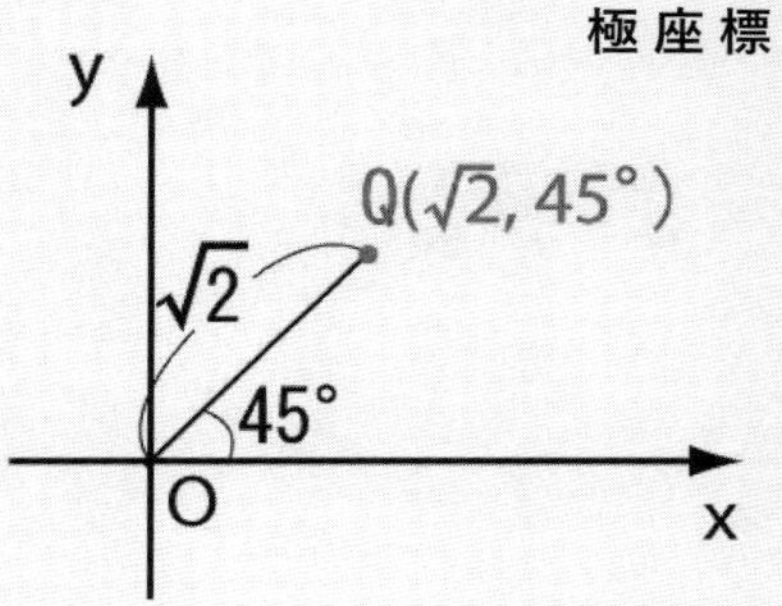

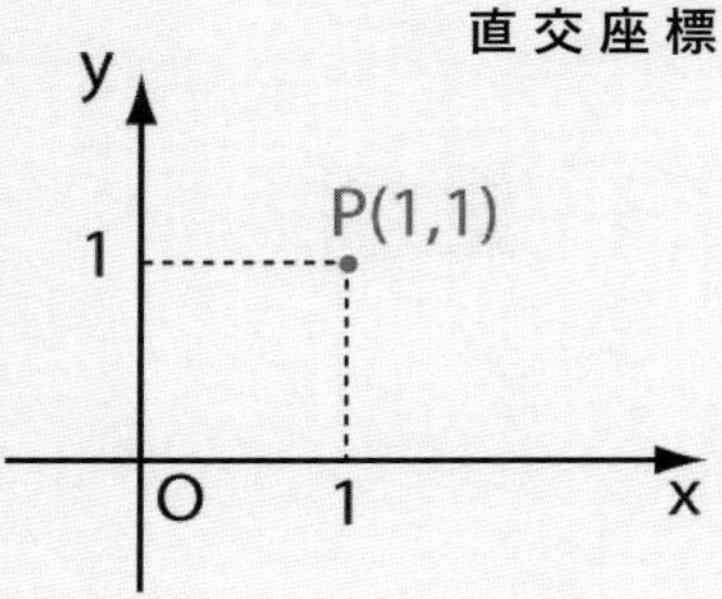

「うーん…。そもそも極座標ってなに？」という疑問もあるかと思います。

まずは、普通の座標について確認します。x軸とy軸があって、(x,y)で1点を表すことのできる座標で、これを直交座標と呼びます。点Pが(1,1)とあれば、xが1で、yが1の点なので、点Pの位置は上図のように示すことができます。

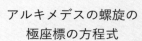

一方、極座標は、x軸とy軸の代わりに、中心Oからの距離rと、回転角θで、点(r,θ)を表す座標のことです。点Qが($\sqrt{2}$,45°)とあれば、中心Oから45°の角度で$\sqrt{2}$だけ進んだ点なので、上図のようになります。

おおざっぱに言えば、直交座標が折れ線グラフの座標で、極座標がレーダーチャートの座標、と

対数螺旋の極座標の方程式　$r = ae^{b\theta}$

いう感じですね。

さて、直交座標で、y=axのグラフを書くと、a＞0なら右肩上がりの直線が引けますよね。同じように、極座標で、r=aθのグラフを書くと、さっきのアルキメデスの螺旋になるのです。**θ＝π**【＊1】のとき、r＝πa、θ＝π/4のとき、r＝（π/4）aというように、θの値を少しずつ変えて描いていくと、結果的に幅が一定のうずまきを描くことになります。ちなみに、a＞0なら左巻き。a＜0なら右巻きになります。それが、冒頭のAのカタツムリ。マンガ的なカタツムリは、こんな螺旋が多いですね。でも、Aのカタツムリに比べ、Bの方がリアリティがありませんか。それになにより、かわいく見えませんか？（↑主観）

Bのカタツムリの殻は、極座標の方程式で$r=ae^{b\theta}$と表すことができます。

こちらは、b＜0なら右巻き。b＞0なら左巻きになります。eは自然対数の底を表す定数で、e=2.7182818……という無理数。ネイピア数とも呼ばれます。ここではまぁ、円周率のπみたいなものだと思っていただければ。

実際に、カタツムリを含む巻き貝の仲間、オウムガイやアンモナイトの仲間などの殻は、すべてこの対数螺旋に当てはまります。中心からの距離が角度に対して指数関数的に増大していくので、幅がだんだん広がっていくうずまきになります。幅の広がり方はbの値によって変わります。イラストは大きめにしていますが、もっとアルキメデスの螺旋に似せることもできます。自然界には、こうした対数螺旋が多く見られます。実は二枚貝も厳密には螺旋形で、このbを大きな値にすると、二枚貝っぽくなります。そしてさらに、たとえば台風のうずまき、銀河系のうずまきも、対数螺旋を描いています。

数学ってこんな風に、ものの形につながっているのがおもしろいなぁと思います。カタツムリの殻と銀河系が同じ法則でつながっているなんて、不思議ですよね。これに限らず、自然界のものの形が色々な規則に当てはまっていることに気づくと、とてもおもしろいし、不思議です。一方で、そんな規則からちょっとずつズレているのを見つけるのもまた、自然界のおもしろさだと思います。

＊１　このとき、θは０度から３６０度までの度数法の表記ではなく、半径と等しい長さの弧に対する中心角の大きさを１rad（ラジアン）と定義する弧度法を使います。ややこしいようですが、簡単に言えば１８０度がπとなる単位で、90度はπ／２で、45度はπ／４になります。

かたつむり見習いくん

作 のじまさとし

第3章

非効率な
カタツムリと、
効率的な
ナメクジ

効率的なナメクジ

私の生き方は、いわゆる「普通」ではない。

小学校を1年足らずで中退し、大検を受けて大学に入ったのだが、それ自体は回り道ではあったが、案外効率は良かったと思っている。普通であることと効率的であることは違う。勉強を楽しいと感じながら受験勉強できたし、大学にも入学、卒業することができたからだ。しかし、大学院に入ってからが問題だ。自分の納得がいく研究ができるまで、分野を変えながら、修士課程を2度も繰り返し、その上、博士の就職難と言われるこのご時世に、博士後期課程に進学してしまった。さらにはその博士後期課程を途中でやめてしまったというから手に負えない。フリーランスは経済的にも不安定で、現在に至るまでちっとも落ち着かない。

もうちょっと効率的に、計画的に人生を歩むこともできたのではないか、という疑問はしばしば感じる。

カタツムリの生き方にも、私と似たような非効率さを感じる。

カタツムリの感覚器は、遠くの世界を知覚するには不向きである。触覚と嗅覚を中心とした環境世界を描くので、先の見通しをもって計画的に行動することは難しい。さらに大きな問題は、あの大きな殻である。常に重たい殻を背負い続けているなんて、あまりに非効率ではないだろうか。重いというだけではない。カルシウムも多量に摂取しなければならないのだ。

ただ、カタツムリたちのなかから、もっと効率を重視したものたちが誕生している。そう、ナメクジたちである。殻を失うことで身軽になり、カルシウムを多量に摂る必要もなくなった。狭い隙間に潜り込むことができるので、物陰に潜んで十分身を守ることができる。

陸上の貝類として「普通」の生き方をやめ、殻を捨てたナメクジたち。もしかすると、そんなナメクジたちの生き方にも、私の学ぶべきポイントは隠されているのではないだろうか。

カタツムリとナメクジはどう違う

そもそもカタツムリとナメクジは、どう違うのだろう。殻があるかないかという大きな違いはあるが、それだけだろうか。

カタツムリもナメクジも、どちらも同じ陸上に生息する貝類の仲間である。ただ、その関係は複雑だ。第1章で述べたように、そもそもカタツムリ自体、生物学的な定義のある言葉ではない。**カタツムリはいくつかのグループに分かれているが、ナメクジがいる枝も一つではない**【*1】。

したがって、陸上の貝類全般のことを「カタツムリ」と呼んでしまうと、そこにはナメクジも含まれることになる。現代人の感覚とは矛盾するだろう（「現代人」と書いたのは、かつてはカタツムリとナメクジを区別しない地方もあったからだ）。したがって、「カタツムリ」や「ナメクジ」を生物学的に定義し、区別しようとすると、なかなか厄介なのだ。私の話もあいまいなところが出てくるかもしれないが、ご容赦いただきたい。

ともかく、カタツムリの長い進化の歴史のなかで、殻をなくそうとしたのは1グループだけではない。ひとまとめにはできなくとも、殻をなくす方向に進化することを端的に表す言葉がある。「ナメクジ化」である。

「ナメクジ化」というコストカット

軟体動物の進化において、殻の消失、つまりナメクジ化（limacization）はしばしば起こ

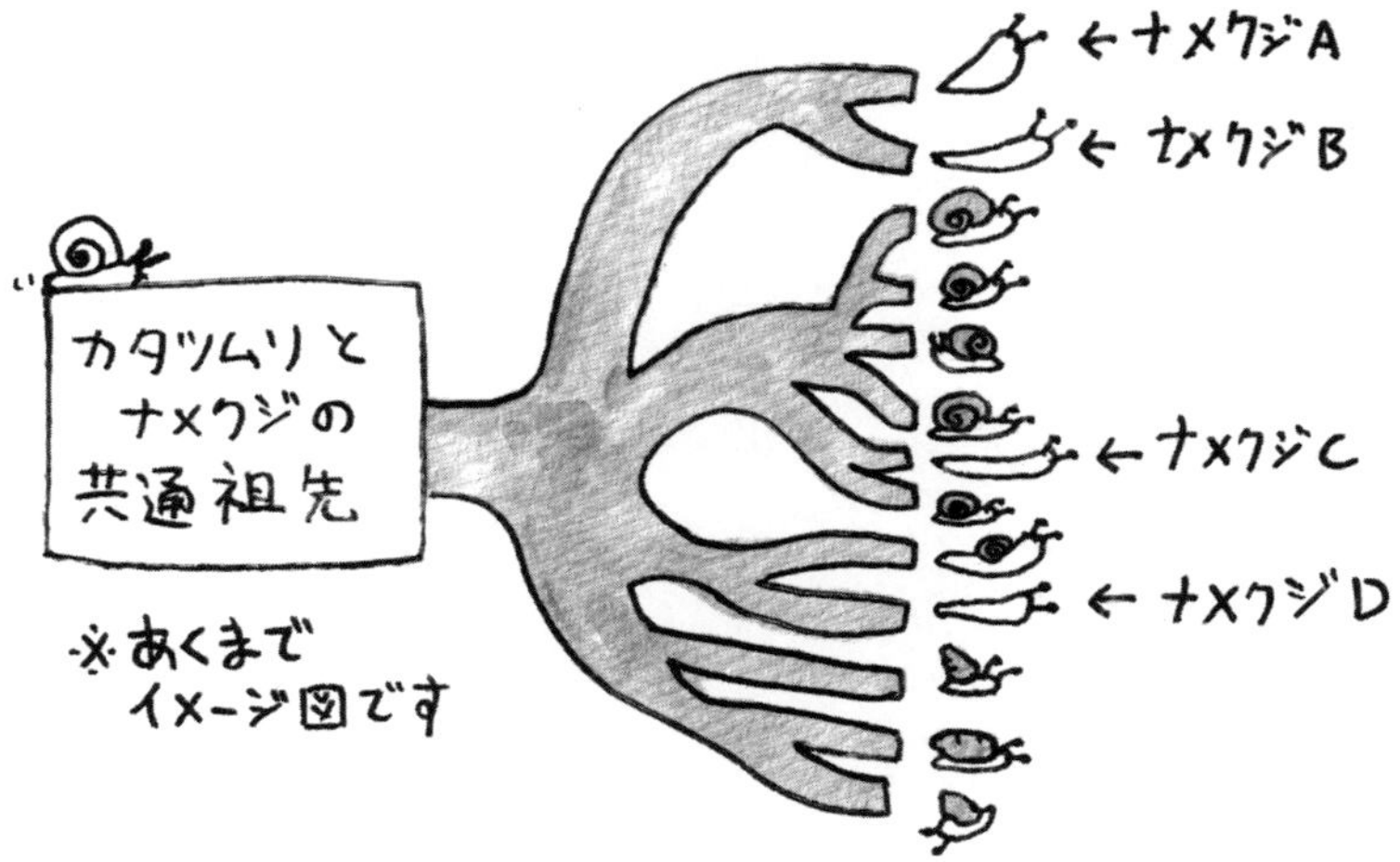

＊1：ナメクジの系統図（イメージ）

る現象である。例えば、イカやタコはオウムガイの仲間がナメクジ化した生物であるし、同様にアメフラシやウミウシ、クリオネも腹足類（巻き貝の仲間）がナメクジ化した生物である。ナメクジ化には大きなメリットがある。殻をなくすことで、カルシウムの摂取量が少なく済み、さらに身体が軽くなる。つまり、大規模なコストカットが実現できるのである。

ナメクジ化のメリットは生息環境によっても差があるので、ここでは大まかに海中と陸上で分けて考えてみよう。

◆海中でのナメクジ化

海水にはカルシウムイオンが豊富に溶け込んでいるが、殻を作るためには、バイオミネラリゼーションのためのエネルギーが必要である。バイオミネラリゼーションとは、生物による鉱物形成作用のことで、貝殻のほか、サンゴの骨格や、人間の骨や歯もバイオミネラリゼーションによって作られる。さらに、重い殻は移動のためのエネルギー消費を増大させる。そのため、水陸を問わず、ナメクジ化には大きなコストカットが期待できる。

一方、殻は外敵から身を守るための大事な防御手段である。そもそも殻が誕生したのは、カンブリア紀に生物が爆発的に多様化し、肉食動物から身を守る必要が生じたためだと言われている。つまり、殻以外の防御手段が確保できなければ、ナメクジ化するのは難しいのだ。実際、ナメクジ化した海洋生物の多くは、殻とは別の防御手段を獲得している。

頭足類のタコやイカは、ナメクジ化した代表的な軟体動物である。彼らが殻の代わりに得た防御手段が、墨である。**タコは水っぽい墨で、煙幕として使われる一方、イカは粘度が高く、分身の術として使われる**【*2】。さらに墨を吐くと同時に、強く海水を吹き出すことによるジェット推進で素早くその場から離れ、体色を変化させて身を隠す。全身がやわらかいので、狭い隙間にも潜り込むこともできる。また、ヒョウモンダコのように毒のあるものもいるし、一般に腕の力や顎の力も強く、外敵から身を守る手段に長けている。また、知能も高い。一方、彼らと同じ頭足類でも、殻のあるオウムガイは体色を変化させることはできないし、墨を吐くこともできない。泳ぎもあまり速くない。

ナメクジと同じ腹足類、つまり**巻き貝の仲間であるアメフラシは、刺激すると紫色の汁を分泌することで知られる**【＊3】。海水中だとまるで雨雲が立ちこめるように見えることから、アメフラシという名が付いたとも言われるくらいだ。この汁は水中で煙幕として機能するほか、味がまずいため、身を守る手段にもなるようだ。

見た目の形状はアメフラシに似ているが、カラフルな体色で、海の宝石とも呼ばれる先述のウミウシ。ウミウシもまた、ナメクジ化した巻き貝だ。**彼らは海底の有毒の固着生物を食べ、その毒を自分の体内に取り込んでいる**【＊4】。そのため、ウミウシはまずくてとても食べられない。あえて派手な体色をすることで、「俺たちはまずいんだぞ」とアピールして身を守っていると考えられる。しかし、そ

＊2：身を守るイカとタコ

れにしてもなぜあそこまで色彩が多様化しているのだろうか。第2章でも触れたが、陸上の有毒の毛虫であるイラガの幼虫もカラフルで、その配色センスはどことなくウミウシに似ている。

海の妖精とも言われるクリオネは、「ハダカカメガイ」という和名もあり、れっきとした巻き貝の仲間である。彼らもまた有毒で、まずくて食べることはできない。

いずれも、殻とは異なる防御手段を得て、殻がなくても外敵に襲われない条件を備えている。海中の軟体動物のナメクジ化は、天敵対策をどうするかが肝のようだ。

◆陸上でのナメクジ化

陸上には海中のような浮力がないので、殻の重さによる影響は大きい。したがって、ナメクジ化のメリットはより大きい。

陸上ではカルシウムの補給が海中よりも難しい。海水中には豊富にカルシウムイオンが溶け込んでいるのに対し、陸上ではカルシウムの補給のためにカルシウムを探し回る必要があり、コストが大きいのだ。雨水そのものに含まれるカルシウムイオンは微量であり、弱酸性の雨水によって岩石や土壌、コンクリートなどから溶け出したカルシウムイオンを摂取するか、植物や動物の遺骸からカルシウムを直接摂取する必要がある。

一方、ナメクジ化には陸上ならではの欠点もある。**天敵からの防御手段が失われる**【＊5】だけでなく、**乾燥を防げなくなる**【＊6】のだ。カタツムリにとって、殻は外敵から身を守るだけでなく、日光を遮り、風を遮り、水分の蒸発を防ぐという大事な役割もあるのだ。

したがって、カタツムリがナメクジ化する必要条件として、天敵から身を守ることもだが、乾燥からどう身を守るかが重要な要素になってくる。

そんな厳しい条件のもと、ナメクジ化という大胆なコストカットを実現したのが、ナメクジという生物なのだ。

しかし、ナメクジは墨も吐かないし、ウミウシのように毒を持っているわけでもない。一見して乾燥にも天敵にも対抗する手段を持ち合わせているようには見えない。いったい、どんな手を使っているのだろうか。

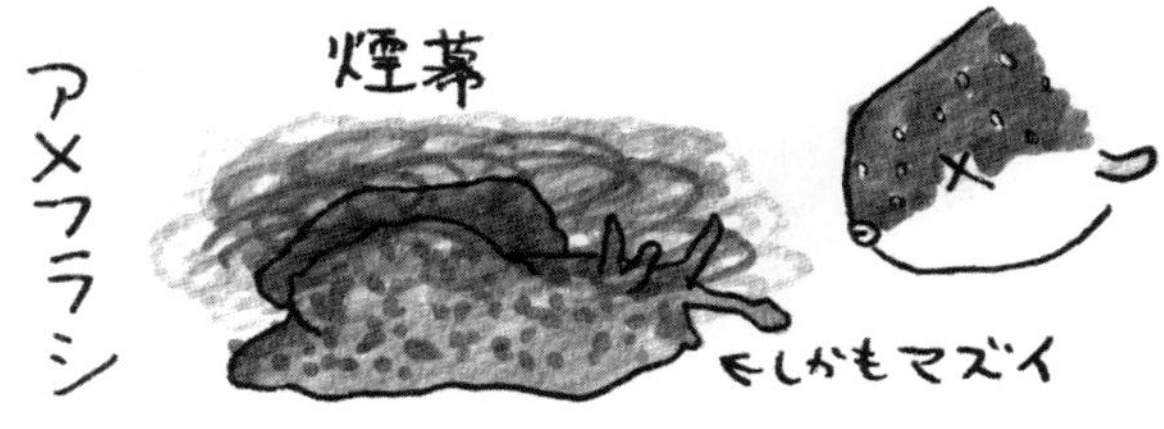

＊3：身を守るメフラシ

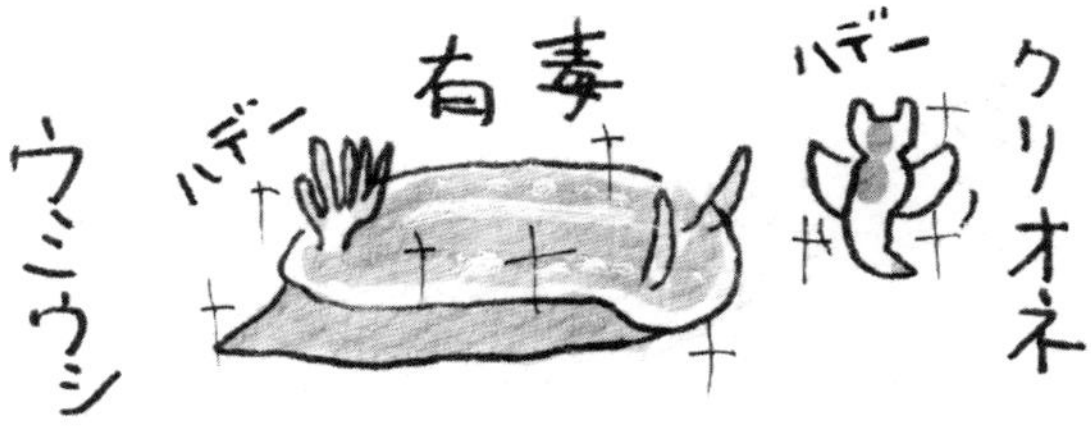

＊4：身を守るウミウシ

どこにでも入り込める

かつて私は大学院の実習として、ブルーシートと紐、そしてわずかな食料を渡されて、たった独り、山中で一晩を過ごすという経験をした。渡されたもの以外、ナイフやライトなどの道具はおろか、すべての荷物、携帯電話さえ教員に預けなければならなかった。初夏の北海道。一応、クマは出ないという話だった。

ブルーシートは雨風、夜露をしのぐ目的だが、私は辺りに生えている木の枝や地形を利用してブルーシートを張って簡易テントを作り、そこで一夜を過ごした。そうした状況では、ちょっとした地形の凹みなどが、不思議と安心感につながる。

そのときは考えなかったことだが、もしかしたら、ナメクジも普段、こんな気持ちなのかもしれない。

殻のないナメクジにとって、防御手段と乾燥防止の両方の機能を果たすもっとも単純な方法が、小さな隙間に入り込むことだ。

殻がなくなると、圧倒的に機動力が増す。身軽になって移動速度が増すのみならず、殻が引っかかる心配もなく、小さな隙間に入り込めるようになる。石ころの下や朽ち木の隙間、ちょっとした地形の凹凸など、身を隠す場所は意外とたくさんあるものだ。そうした狭い隙間に入り込むことが、外敵から身を守るために有効な手段になる。また、そうした狭い隙間は日に当たらず、風にも当たらず、たいていはジメジメしている。そのため、乾燥対策としても適している。また、狭い隙間で休むときはからだを縮めて、からだの表面積を小さくしている。

つまり、狭い隙間に入り込むことで、防御手段、そして乾燥防止の手だての両方を確保で

＊5：身を守れないナメクジ

＊6：乾燥しやすいナメクジ

きてしまうのだ。また、狭い隙間にある食料を摂取できるというメリットも多少あるかもしれない。

我が家のような古い家屋では、しばしばナメクジが室内に入り込む。いったいどこから入ってくるのかと不思議になるほどであるが、ほんのわずかな隙間でも入れるようだ。**2019年には、JRの電気設備に侵入したナメクジが電気をショートさせてしまい、大規模な停電が発生したこともあるという**【*7】。

人間にとっては迷惑な話で、それゆえナメクジは嫌われがちだが、身軽になるということは生きていく上で非常に役に立つのである。

天敵からはすべって逃げる

ナメクジはつまみ上げるのがとても難しい【*8】。

カタツムリであれば殻をつまめばすぐに持ち上げられるが、ナメクジはそうはいかない。触れた瞬間にからだが縮んで、粘液でツルツルとすべって、うまくつまむことができない。家のまわりにナメクジがいたら、一度、使い古しの割り箸などでつまんでみてほしい。至難の業である。

　ナメクジは墨を吐いたりすることはないが、粘液を多量に分泌する。粘液をまとって縮んだからだは、想像以上につまみづらい。これは、トカゲや鳥のくちばしから逃れるには十分に機能するであろう。縮まったからだがコロンとすべり落ちると、たちまちコロコロ転がって、どこか遠くに行ってしまう。このこともまた、外敵から逃れる手段として有効だ。

　さらには、多量の粘液はそれ自体、食欲を減退させると思われる。食べづらいし、口についたベトベトヌルヌルは、簡単には落とすことができない。なるべくなら食べたくないだろう。

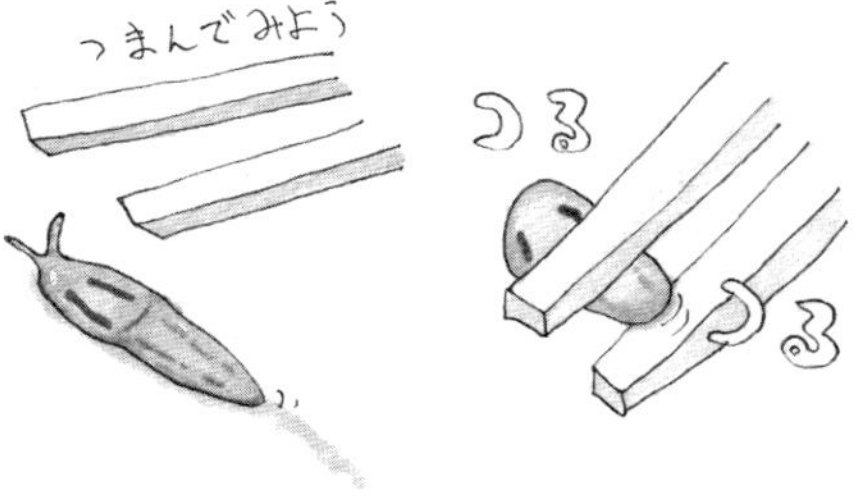

＊8：ナメクジはつかみにくい

　加えて言えば、カタツムリの殻は、天敵にとって食料としての価値が高い。カルシウムが豊富だからだ。卵殻形成のために多量のカルシウムを摂取する必要のある繁殖期の鳥類にとっては、カタツムリは魅力的な栄養源である。つまり、ナメクジ化することは、それだけで天敵にとっての魅力が減退する可能性

＊7　2019年5月30日、北九州市内のJR鹿児島線とJR日豊線で停電が発生。特急を含む上下線26本が運休し、運休と遅延で約1万2千人に影響が出た。線路脇にある電力設備の中からは、感電したとみられるナメクジが見つかった。

がある（ただし、野外での実際の鳥類の捕食行動に、殻の有無がどのような影響を及ぼしているかは定かではない）。

ふと思ったことだが、ナメクジがそこまで「すべりやすい」のなら、カタツムリの殻は受験のお守りにぴったりではないだろうか。

粘液による乾燥対策

いくら小さな隙間に入ることができるとは言え、殻のないナメクジは乾燥には弱いはずである。しかし、チャコウラナメクジのような身近なナメクジは、市街地の乾燥したところにも数多く生息している。これはなぜなのだろうか。

ナメクジにとって乾燥は大敵だが、私たちヒトにも、乾燥してはいけない部分がいくつかある。なかでも特に重要なのは、眼球である。私はドライアイがちなのだが、ディスプレイをじーっと見つめていたり、外で冷たい風に吹かれたりすると、すぐ目がショボショボして涙が出てきてしまう。

眼球に潤いを与えているのは、涙。涙はナメクジの粘液ほどではないが、粘性のある一種の粘液である。目には涙を分泌する涙腺があり、眼球に常に潤いを与えている。また、まばたきによって、眼球全体に涙を行き渡らせることも重要である。

一方、ナメクジの軟体部を覆っているのも、粘液である。ヒトの涙同様、粘液を分泌し、軟体部全体に行き渡らせることで、乾燥を防いでいる。ただ、ヒトのまぶたに相当するようなものはないのに、どうしてうまく行き渡っているのだろうか。

軟体部には細かい溝があることにお気づきだろうか【＊9】。このひび割れ模様のような溝が、軟体部に粘液を行き渡らせる際に重要な役割を果たしていると考えられる。詳しいメカニズムはよくわからないが、溝に粘液が満たされることによって、乾燥から身を守り、汚れを落としやすくする効果が期待できそうだ。

＊9：軟体部の細かい溝

もっとも、ここまでの話はナメクジに限ったことではなく、カタツムリ全体に言えることである。ナメクジはこうした粘液の機能が、カタツムリのなかでも特に優れているのかもしれない。もしかしたら、私の眼球にも溝があればドライアイになりづらいのかもしれないが、目に映る景色までナメクジのようにフニャフニャになってしまうことだろう。

情熱的な交尾

ナメクジもカタツムリ同様、雌雄同体である。

多くのカタツムリの交尾は、第1章の写真（P037）のような形で行うし、**キセルガイのような細長い殻のカタツムリも交尾の仕方は独特である**【＊10】。一方、殻のないナメクジも、基本的にはカタツムリ同様に、首の横にある生殖器を絡め合って交尾する。しかし、殻がない分、自由度も高いようだ。**ヤマナメクジなどは、巴型にくっついて交尾をする**【＊11】。なかでも、マダラコウラナメクジの交尾には驚かされる。ナメクジの粘液は粘性が強く、命綱のようにぶら下がって高いところから降りることもできるのだが、**マダラコウラナメクジは、この粘液の命綱にぶらさがり、ぶらさがった状態のまま、ねじれるように絡み合って交尾をするのだ**【＊12】。なぜこのようなやり方を選んだのだろうか。詳しい理由はわかっていないようだが、人間から見ると危険極まりないこの方法も、地上を徘徊する甲虫や、木の枝にとまる鳥類などの天敵には狙われにくいのかもしれない。

カタツムリが交尾に時間をかけるように、ナメクジも交尾に時間をかける。安心、安全で、

＊12：マダラコウラナメクジの交尾

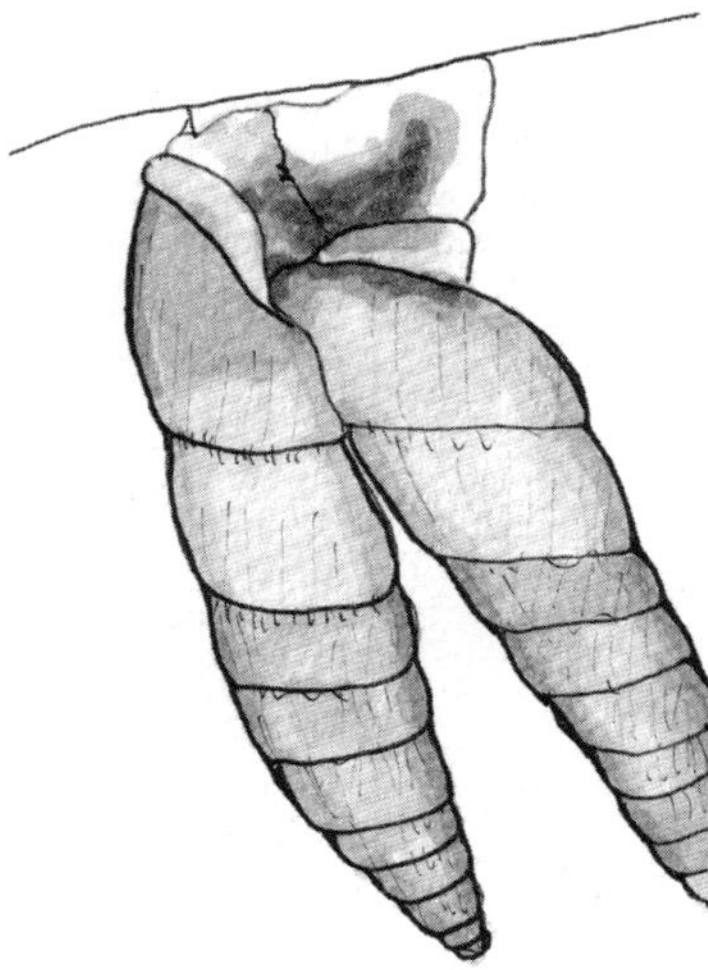

＊10：キセルガイの交尾

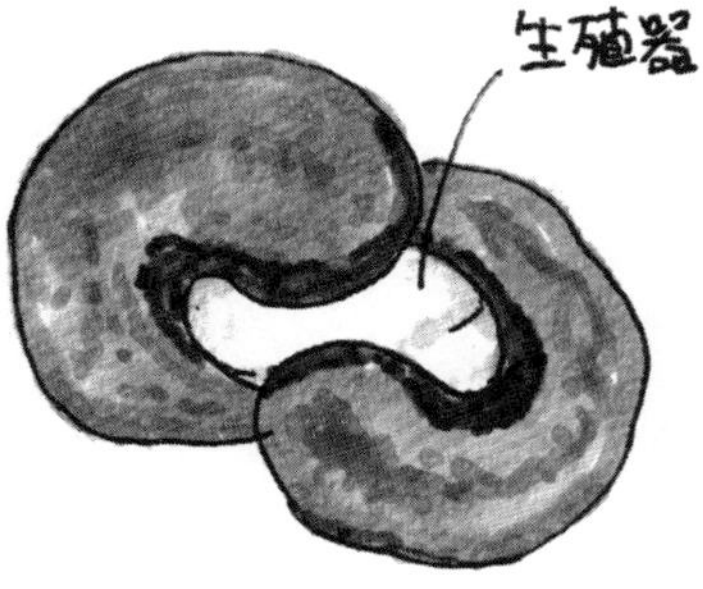

＊11：ヤマナメクジの仲間の交尾

互いに気持ちを高め合い、邪魔の入らない場所でないとそういう行為ができないというのは、生物として大事なことなのかもしれない。

ナメクジやカタツムリの心に、愛情に相当するものがあるかどうかはわからないが、とても交尾が情熱的に見えることは確かである。どこか、人間にも近いものがある。

ナメクジの卵とカタツムリの卵の違い

ここまで殻の有無を基準にカタツムリとナメクジを区別してきたが、ここで殻は殻でも、卵殻の話をしておこう。

ナメクジは殻をなくすと同時に、卵殻も変えている。カタツムリはカルシウムを自分の殻づくりに使うだけでなく、卵の殻にも使う。物理的衝撃などから保護するためであろう。そのため、カタツムリの卵はたいてい白色をしている。一方、ナメクジの卵はたいてい透明である。卵はゼリー状でやわらかく、弾力がある。これはこれで、物理的衝撃には強そうである。つまり、衝撃から守るメカニズムの方向性が、カタツムリとナメクジでは異なると言えそうだ。

ただし、例外もある。オカモノアラガイなどは、卵のかたまり全体が透明のゼリーで覆われているし、卵胎生（からだの中で卵をかえす）のカタツムリも少なくない。

ナメクジのような一粒一粒がゼリー状の卵は、狭い隙間に産むには適している。似たような場所に棲む、ムカデやハサミムシは親が卵を守って世話をするが、ナメクジは卵の世話をしない。基本的に放置されるので、物理的衝撃も受けやすい。つぶれないというのはとても大事な要素である。

柔よく剛を制すとは言うが、かたい殻を持たないナメクジの卵は、案外優れているのだ。

イボイボナメクジというカタツムリキラー

イボイボナメクジ【＊13】というインパクトのある名前のナメクジがいる。私は大人になって、ナメクジに興味を持つようになって初めてその存在を知った。まだお目にかかったことはない。

イボイボナメクジは、一般によく知られているナメクジとはだいぶ系統が違う。よく知られるナメクジが柄眼目（一般的なカタツムリの系統）であるのに対して、イボイボナメク

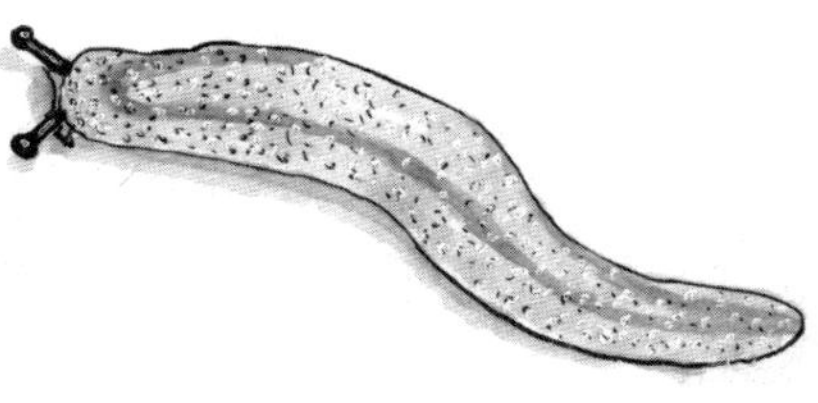

＊13：**【イボイボナメクジ】**

ジは収眼目に属する。収眼目は、ヤベガワモチなど、干潟に生息するイソアワモチ類が含まれる。収眼目はみんな貝殻を持っていないので、つまり、イボイボナメクジはその進化の歴史において陸上で貝殻を持ったことがないナメクジなのだ。

沖縄大学の盛口満さんの『ゲッチョ先生のナメクジ探検記』(木魂社)には、イボイボナメクジのことがわかりやすく書かれている。あまり研究が進んでおらず、日本に10種以上もいると考えられているそうだ。

イボイボナメクジという存在を知らなければ、パッと見た感じは普通のナメクジと思うかもしれない。でも、よく見るとなんかヘンだと気づく。表面が粒状で、ナメクジよりさらさらしてそうな感じがする。小触角の先端も、なんだか形がヘンである。

さらにイボイボナメクジが普通のナメクジと異なるのは食性、つまり食べものである。一般のナメクジは概ね植物食、せいぜい死んだ生物を食べるくらいだが、イボイボナメクジは肉食。それも、主に陸貝、つまりカタツムリを食べるのだ。イボイボナメクジというかわいい名前とは裏腹に、ナメクジがカタツムリを食べている姿などあまり想像したくはない。

もっとも、肉食なのはイボイボナメクジに限った話ではない。カタツムリにも肉食のものがいる。なかでも悪名高いのは、日本では外来種として知られる**ヤマヒタチオビ**【*14】といううカタツムリだ。こちらも見るからにヘンなカタツムリで、口元に大きなひげのようなものが1対あり、これも触角として使っているようだ。イボイボナメクジも小触角がふしぎな形だったが、逃げる相手を追うためには、小触角に工夫が必要なのだろうか。

ヤマヒタチオビは外来種アフリカマイマイの天敵として期待され、世界各地に移入された経緯がある。しかし、実際には大きなアフリカマイマイよりも、在来の小さなカタツムリを襲って食べてしまう。ハブ対策として沖縄に移入されたマングースもそうだが、生きものはそう人間の都合の良いように動いてはくれないものである。

ヤマヒタチオビがほかのカタツムリを食べようとヒタヒタと忍び寄っていく姿は、なんとも不気味だ。だが、彼らだって生きていくために一生懸命なのだ。

外来種は忌み嫌われがちだが、勝手に連れてきたのは人間である。本来の生息地では、生態系のなかでただ自分の役割を果たしているだけなのだろう。不気味だなんて言ってごめんなさい。

＊14：**【ヤマヒタチオビ】**

話がそれてしまったが、イボイボナメクジの生態はまだ研究が少なく、詳しく明らかになっているわけではない。
福岡、あるいは私の住んでいる糸島でも、見つかっていないだけで、どこかに居るのかもしれない。そうであれば、ぜひいつか会ってみたいものである。

ナメクジシティ

私は福岡県糸島市にある「産の森学舎」というフリースクールで、小中学生の子どもたちを相手に「しぜん」という授業をしている。野外での授業はどうも想定通りに進むときよりも、想定外の出会いがあるほうが盛り上がる。そんな想定外の出会いの一つに、ナメクジとの出会いがあった。

それは2月の寒い日だった。小学生の子どもたちと散策していると、国道脇の土手に、大量の種不明ナメクジがいたのだ。見た目としては、ヤマナメクジの幼体に見えるのだが、なかには交尾中の個体が複数いた。つまり、この状態で性成熟した成体の可能性がある。

子どもたちはやがてこの状況を「**ナメクジシティ**【*15】」と呼び始めた。何度もナメクジシティと言われれば、もう私にもそうとしか呼べなくなってくる。たしかに、これだけナメク

＊15：「ナメクジシティ」と呼ばれる状態

ジが集まると町のようである。つまり、ナメクジシティである。

いったいなんというナメクジなのだろう。種名は現在もわからない。私は同じようなナメクジを、糸島市内の別の場所でも見ることがある。ナメクジに詳しい研究者に尋ねたところ、はっきりわからないが「ヤマナメクジの幼体か、ナメクジ属の未記載種の可能性」があるという。

私の感覚としては、何度も行っているあの場所でこれまでヤマナメクジの成体を観察したことはなく、未記載種なんじゃないかと思っている。

「未記載種」というのは、一般的に言えば「新種」のこと。学術論文では「新種」というより「未記載種」という呼び名が好まれる。また、一般に「新種」というと、誰も発見していない種類という印象が強い。これはそういうわけではなく、多くの人に存在を認知されているものの、未だに名前がない種類だろう。そういう意味で、このナメクジシティを形成するナメクジは「新種」というより、「未記載種」と言ったほうが正確な気がする。研究者の方からは混乱を招くとお叱りを受けるかもしれないが、私は勝手にこのナメクジをイトシマナメクジと呼んでいる。

さて、どうしてあのときあの場所で、ナメクジシティが見つかったのか、今でもわからない。集団繁殖のようなタイミングがあるのだろうか。残念ながら今その場所は開発され、土手の様子も一変してしまった。今そこでは一匹のイトシマナメクジ（仮）さえも見つからない。こうして自然は少しずつ、失われていく。


イボイボナメクジを含め、ナメクジは一般に研究が進んでおらず、新種発見の余地が多く残されている。解剖に抵抗のある私もナメクジの分類について学ばなければならないが、これからも探求を続けたい。さらに最近、同じフリースクールでの活動中に新たに雰囲気の異なるナメクジも見つけた。色と質感的に、**ムテンカメンタイナメクジ**【＊16】と呼んではどうだろうかと思っている。いや、これも別方面からお叱りを受けそうだ。

ナメクジという生き方

さて、この章では、ナメクジとカタツムリを対照的な存在として説明してきた。

ナメクジは大きくコストカットに成功した、効率を重視した生きものであると言える。そうであれば、カタツムリはコストカットをしようとしない、非効率な生きものなのだろうか。

たしかに殻は多くのエネルギーを消費する。だが、もしカタツムリがあまりに非効率で、無駄ばっかりの生きものだったら、とっくに絶滅していることだろう。カタツムリはきっと、非効率なところもあるが、絶滅するほどの非効率ではないから生き残っているのだ。頭足類で言うオウムガイのような「生きた化石」に近いものがある。殻を持ち続けることにも一定のメリットがあるし、進化の歴史を踏まえれば、そのメリットがあるからこそ、スムーズに陸上に進出することができたのである。一見すると非効率なところに、なにか秘密があるのかもしれない。

＊16：「ムテンカメンタイナメクジ」と呼びたいナメクジ。これもヤマナメクジの幼体もしくはナメクジ属の未記載種の可能性があるようだ。

一方、ナメクジもカタツムリと同じ仲間の生きものである。ナメクジも効率が良いばかりでは決してない。あくまでカタツムリとの相対的な評価として効率が良いに過ぎない。ほとんどの特徴は共通するものである。

チャコウラナメクジに代表されるコウラナメクジの仲間には、その名の通り、

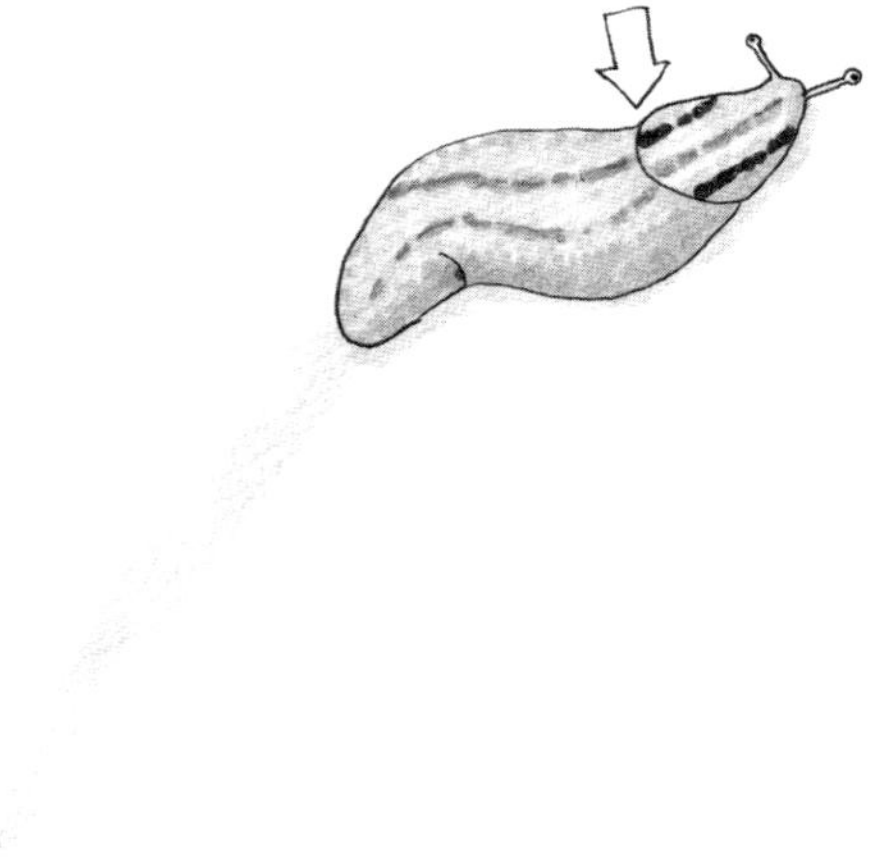

＊17：チャコウラナメクジの殻

体内に甲羅のような殻の痕跡が残っている。**生きた個体を横から見てみると、ポコッと盛り上がっている部分があるのがわかるだろうか**【＊17】。これが体内に残された板状の殻の痕跡で、外套膜に覆われていて、もはや殻としての機能は果たしていない。カタツムリとされる仲間には、板状にこそなっていないが、殻が外套膜にすっぽりと覆われているものもいる。これは、カタツムリのなかでだいぶナメクジに近づいている存在と言えるだろう。ナメクジとカタツムリは似たもの同士である。

ナメクジとて楽ではない。乾いたコンクリート製の側溝の中で、チャコウラナメクジの干からびた死骸を大量に見つけることがある。殻の代わりになるような小さな隙間がなければ、ナメクジはとても生きていくことができない。

とは言え、都市部の市街地に適応しているのは、カタツムリよりナメクジである。カタツムリをほとんど見かけないような場所でも、チャコウラナメクジのようなナメクジなら見つけることができる。また、狭い隙間まで入り込むので、ヒトにとってナメクジはカタツムリよりも身近な存在になってきている。私的領域にまで入り込んでしまうため、ゴキブリやハエのような嫌われ者でもある。

少なくとも都市部においては、ナメクジはカタツムリより成功した生きものと言えるだろう。人間の世界も、都市ほど効率優先で動いている印象があるが、生きものの世界でも効率が重視されるのだろうか。

私の人生にも、ナメクジにとっての「殻」はあるだろうか。一見、必要に思えるけれども、失うことでかえって自由になるもの。家、お金、プライド、肩書き……。色々考えてはみるけれど、物を捨てられない性分の私は、やっぱりカタツムリに思いを寄せがちである。もしかすると、しっぽがあったら案外おしゃれのポイントになるのかもしれないし、そもそも私は心の殻にこもってしまうことがよくある。うーん、私はやっぱり効率的になりきれない。

まぁ、すべてのことはやってみないとわからないのだから、人生が多少行き当たりばったりでも、効率が悪くとも、仕方がない。

コラム2

変身して強くなる

変身願望を持ったことがあるでしょうか。つらいとき、きっと誰もが強くなりたいと願います。あるいは、スーパーヒーローに変身できたら良いのに、と。ヒーローのようなアグレッシブな変身ではありませんが、カタツムリは乾燥すると殻に引っ込むことができます。それはつらい乾燥に耐えるための、一種の変身かもしれません。ディフェンシブな変身ではありますが、ささいなことで傷つきやすい私のような人間にはうらやましいものです。

同様に乾燥すると変身する生きものは少なくありません。植物で言えば、コケの類がそうです。

例えばハマキゴケというコケは、乾燥するとねじれてぎゅっと小さく葉が縮みます。葉が縮むだけでなく、色まで茶色くて枯れたようになって、光合成すらやめてしまいます。でも、枯れたわけではなく、ちゃんと生きています。茶色いハマキゴケを見つけたら、霧吹きなどで水を与えてみてください。ねじれて縮んでいたハマキゴケが、また反対にねじれながら葉を広げ、葉の色がみるみる鮮やかな緑色になってきます。やがて、光合成も再開します。

水分によって大きく変化するコケの性質は、変水性と呼ばれます。雨上がりのコケは、元気でふっくらしていて、指で押すと水が染み出すほどたっぷりと水を含んでいます。少しの水分も逃さずからだに浸透させ、生命活動に利用するのでしょう。乾燥しやすい場所でも生き長らえ、水のあるときにはしっかり吸収できるよう進化したと考えられます。

ところで、市街地でよく見かけるギンゴケというコケも非常に乾燥に強いコケですが、そのギンゴケを好む小さな生きものがいます。クマムシです。

クマムシは顕微鏡がないとわからないほど小さい、体長１㎜に満たない水生動物です。水生なので、コケが水を含んでいるときは元気に活動できます。コケも食べますし、コケに潜むセンチュウや藻類なども食べています。顕微鏡で見るとつぶらな瞳がかわいい生きものです。ところが、彼らの好きなギンゴケはしばしば乾燥してしまいます。変水性によってぎゅっと縮み、カラカラになります。そうなると水生動物であるクマムシは大ピンチ。水がないと呼吸すらできません。

そこでクマムシもまた、変身します。自ら脱水してぎゅっと縮んで、乾眠と呼ばれる仮死状態になります。乾眠中はじっと動きませんが、水を与えれば20分ほどでふたたび元どおりの元気なクマムシが復活します。実はクマムシには、最強生物という異名があります。実験によれば、乾眠状態になったクマムシはマイナス273℃（絶対零度）から100℃までの温度に耐え、真空から75000気圧までの圧力にも、数千グレイの放射線にも耐えるそうです。宇宙空間に10日間放り出されても生きられたというから驚きです。

さて、クマムシのような小さな生きものは生息地を広げるのが難しそうですが、実はカタツムリの存在に助けられているようです。Książkiewicz & Roszkowska（2022）によれば、カタツムリが歩くと、カタツムリのからだにはクマムシが付着します。そのおかげでクマムシは（クマムシにとっての）長距離の移動ができます。しかも、カタツムリもコケのあるような環境が好きなので都合が良いというわけ。のんびりしたカタツムリを移動に利用する生きものがいるとは、なんともおもしろいものです。

そんな最強生物クマムシの弱点もまた、カタツムリです。クマムシはカタツムリの粘液のなかで乾燥してしまうと、乾眠状態から復活できなくなり、息絶えてしまうのです。粘液に覆われた状態で24時間後に復活できたクマムシは、全体のおよそ3割ほどだけです。

カタツムリを利用するかと思いきや、あっけなくやられてしまう最強生物クマムシ。強いとは、単純なことではなさそうです。

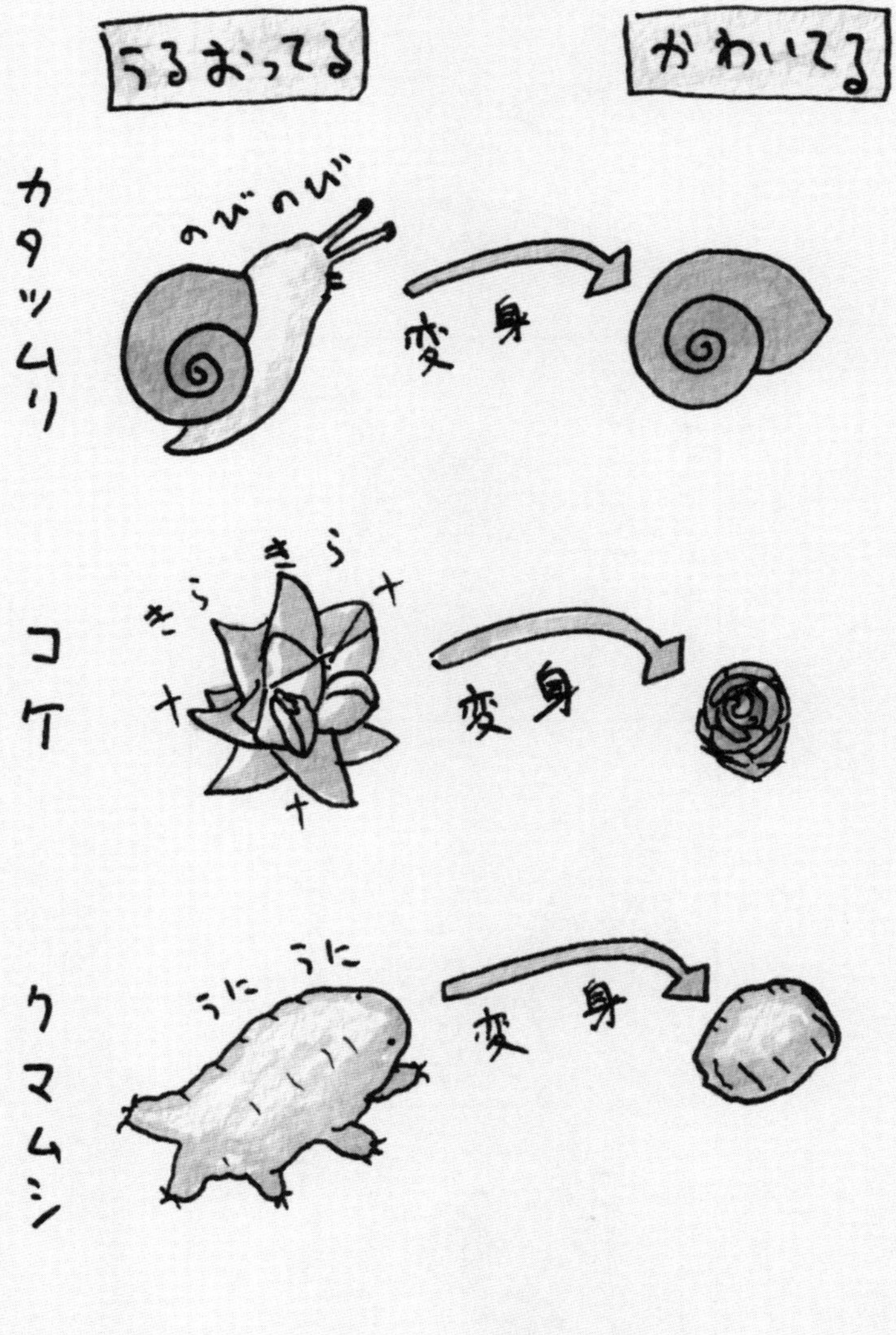
うるおってる
かわいてる
カタツムリ
のびのび
変身
コケ
きら　きら
変身
クマムシ
うに　うに
変身

かたつむり見習いくん

作 のじまさとし

第4章

「他者を支える」カタツムリ

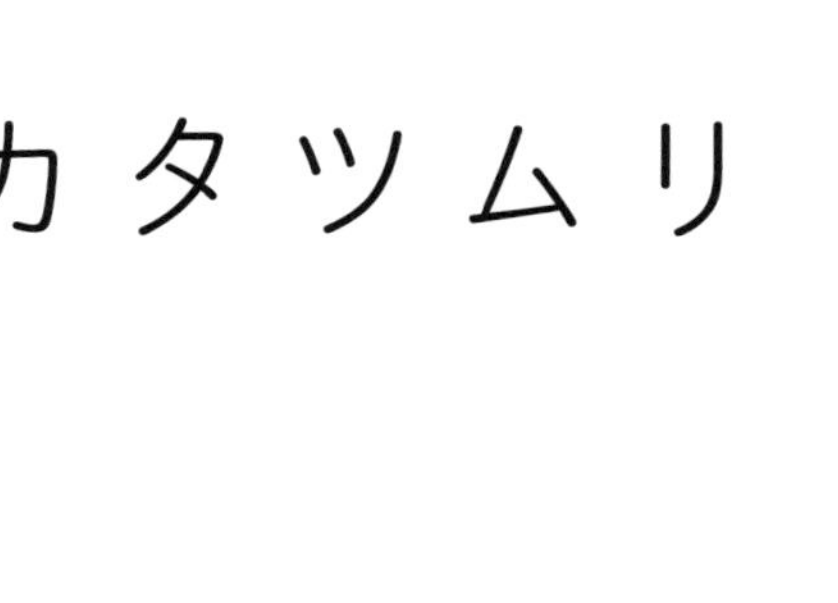

生態系のなかで

カタツムリはきっと、目標に向かって効率良く最短経路を歩むようなことはしない。ツノと皮膚感覚で周囲の環境を知覚しながら、その都度歩みを進める。聞こえは悪いが、行き当たりばったりとも言える。ただ、そんな生き方が、私にはどうも他人事とは思えない。

学生時代、「夢」という言葉が好きではなかった。「夢」というと、将来、今とは違うなにかにならなければいけないような気がするからだ。私は文章を書くことが好きで、自然に触れるのが好きで、絵を描くことやなにかを作ることも好きだった。そして、自分がそうしたことに夢中になっているときに、いつのまにか子どもに囲まれている瞬間が好きだった。その瞬間、自分の存在が意味のあるものになっている実感があった。だから、今の自分ではないなにかになるよりも、今を含めてどんな自分でありたいか、ということを大事にしたかった。

その結果、「夢」への最短経路を考えることもなく、効率良く生きられてはいない。その都度、気持ちの落ち着ける場に移動しながら、行き当たりばったりな生き方をしている。その点、カタツムリに近いと思うのだ。

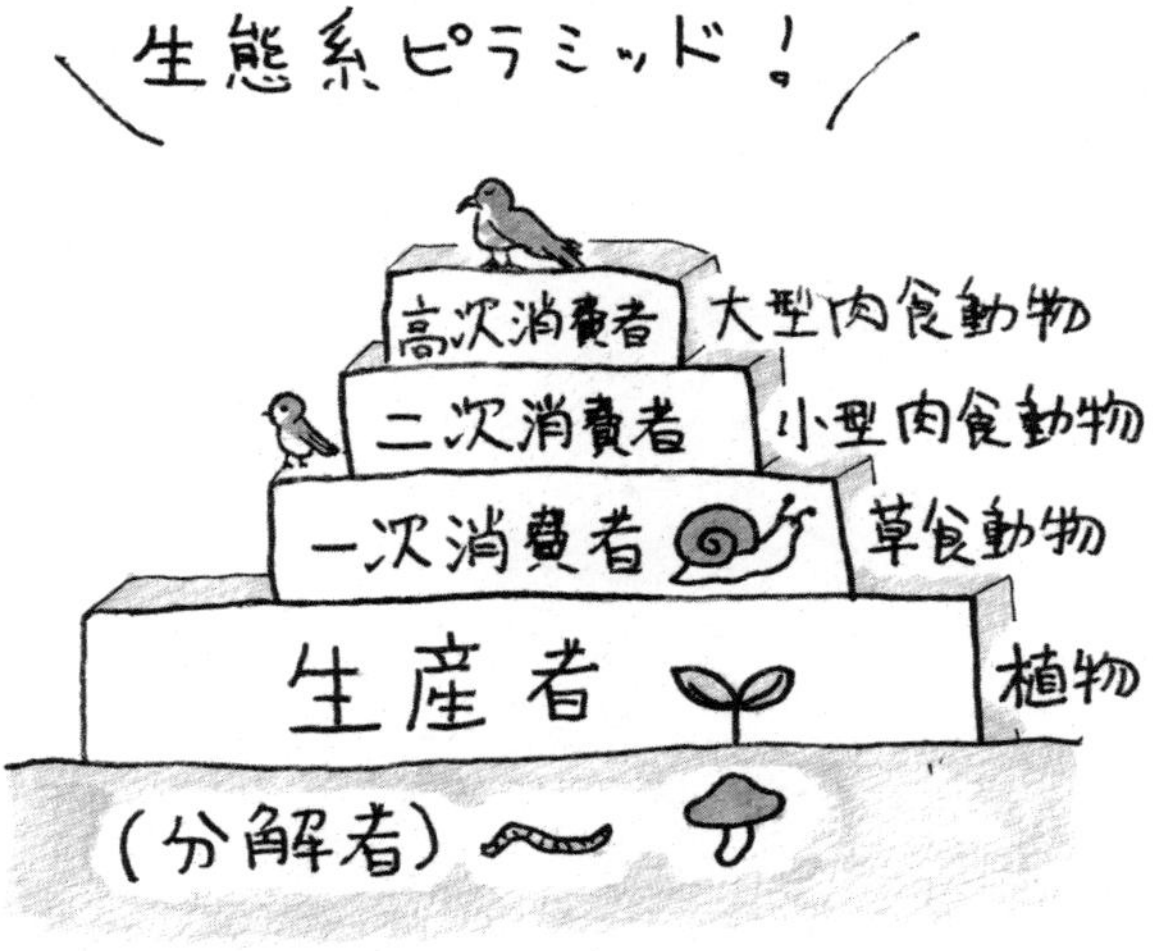

＊1：生態系ピラミッド

カタツムリは、行き当たりばったりに生きて、特に誰かのために生きているわけではないのに、自然界の一員として、生態系の一役を担っている大事な生きものでもある。

ただ生きていて、結果的にそうなっているだけとも言えるけれど、やはりというか、だからこそ見習うべき生きものなのではないだろうか。この章では、カタツムリがどのように他者を支えているかを見てみよう。

生態系を底辺で支える

まず踏まえておきたいのは、カタツムリ自身は望んでいないだろうが、カタツムリは自身が食料となって、たくさんの生きものを支えているという事実である。**生態系はよく、**

ピラミッド型のモデルで説明される【＊1】。生きものは「生産者」「消費者」「分解者」という3つの役割に分かれる。植物は生産者であり、光と二酸化炭素と水を使って光合成を行い、グルコースなどのエネルギーを生産する。その上にいるのが、消費者である。生産者である植物を食べ、エネルギーを補給する。消費者はさらに、植物食動物である一次消費者と、肉食動物である二次消費者、さらにそれを食べる三次消費者、あるいは高次消費者に分けることができる。そして、落ち葉や死がいなどを分解するのが分解者である。

カタツムリは主として植物食であり、一次消費者に当たる。したがって、自らが食料となり、二次以上の高次消費者を支えている。

また、カタツムリは落ち葉をよく食べるし、生きものの死がいを食べるものもいる。つまり、落ち葉や死がいなどを分解する分解者としての役割も果たしているのだ。

カタツムリは殻があるため、カルシウムが豊富な栄養源であることも忘れてはならない。それは特に鳥類にとって重要な要素である。無機物からカルシウムを吸収することを考えれば、むしろ生産者に近い要素もある。

第1章でも挙げたが、カタツムリを食料とする生きものはさまざまだ。タヌキ、ネズミ類、トガリネズミ類、イノシシ、アライグマ、アナグマ、テン、ニホンザルなどのほ乳類。は虫

＊2：生きものの「r－K戦略」

類・両生類では、ヘビ、カメ、トカゲ、カエルなど。さらに、多くの鳥類がカタツムリを食べている。昆虫などの節足動物類では、マイマイカブリが有名だ。そのほか、オサムシやシデムシ、ホタル類の幼虫、ザトウムシなどもカタツムリを食べるようだ。また扁形動物のコウガイビルという生きものも、カタツムリを襲って食べる。

生物学に**「r－K戦略」**【＊2】という言葉がある。r戦略というのは、たとえ多くの生きものに食べられようとも、子孫をできるだけ多く残す生きものの繁殖戦略のことである。もう一つが、K戦略。K戦略では、少数の適応力の高い子どもを確実に残そうとする戦略。産卵数の多いカタツムリがとっているのは、前者のr戦略と言えるだろう。r戦略の生物の特徴としては、産卵（仔）数が多いほか、からだが小さく、世代交代が早いことなどが挙げられる。一方のK戦略は、反対に産卵（仔）数が少なく、子育てをする生物も多い。ヒトはK戦略の生きものと言えるだろう。

ゆっくり歩み、カルシウム豊富な貴重な食料として、カタツムリは生態系を支えている。個々のカタツムリにとっては本望ではないかもしれないが、彼らは生きているだけで価値があるということでもある。

そのことを踏まえた上で、カタツムリと特に深い縁がありそうな種をいくつかピックアップして紹介してみよう。

嫌いだったマイマイカブリ

私が子どものころ、大嫌いだった虫がいる。それはマイマイカブリである。その名から想像が付くように、マイマイカブリはカタツムリを主食とする昆虫だ。私はカタツムリが大好きなあまり、カタツムリを食べる彼らを嫌ってしまったのだ。実に憎らしい生きものだった。マイマイカブリという名前は、マイマイ（カタツムリ）を食べている様子が、殻をかぶっているように見えることから付いたそうだ。また、マイマイに「かぶりつく（かじる）」からその名が付いたという説もある。ゴキブリは、御器（食器）にかぶりつくという「御器かぶり」が転じて名が付いたというから、由来として近いものがある。

マイマイカブリは大きくてかっこいいので、昆虫好きからは割と人気があるようだ。実際、息子は4歳当時、マイマイカブリを図鑑で見て気に入って「見たい」「飼いたい」と言うので、私は戦々恐々としてしまった。まぁ、カタツムリが特別好きというわけでなければ、特に嫌う理由もないだろう。

かくいう私も、未だに彼らを嫌い続けているわけではない。カタツムリを食べるのはなにもマイマイカブリだけではないし、カタツムリの最大の敵と言うなら、むしろ生息地そのものを破壊する私たち人間である。マイマイカブリはカタツムリがいないと生きていけないので、カタツムリに日ごろお世話になっているという意味では同類である。

マイマイカブリの魅力

さて、好き嫌いの話はさておき、マイマイカブリという生きものは、知れば知るほど好奇心がそそられる。マイマイカブリはオサムシという地上を徘徊する甲虫の仲間で、多くのオサムシは昆虫やミミズを主食とするが、マイマイカブリの主食はカタツムリなのだ。羽は退化していて、空を飛ぶことができない。退化という言葉を使ったが、進化と退化とは対立するものではない。殻を退化させたナメクジのように、生物の世界では「なにかを退化させるという進化」はしばしば起こるものである。マイマイカブリはおそらく、飛ぶことにエネル

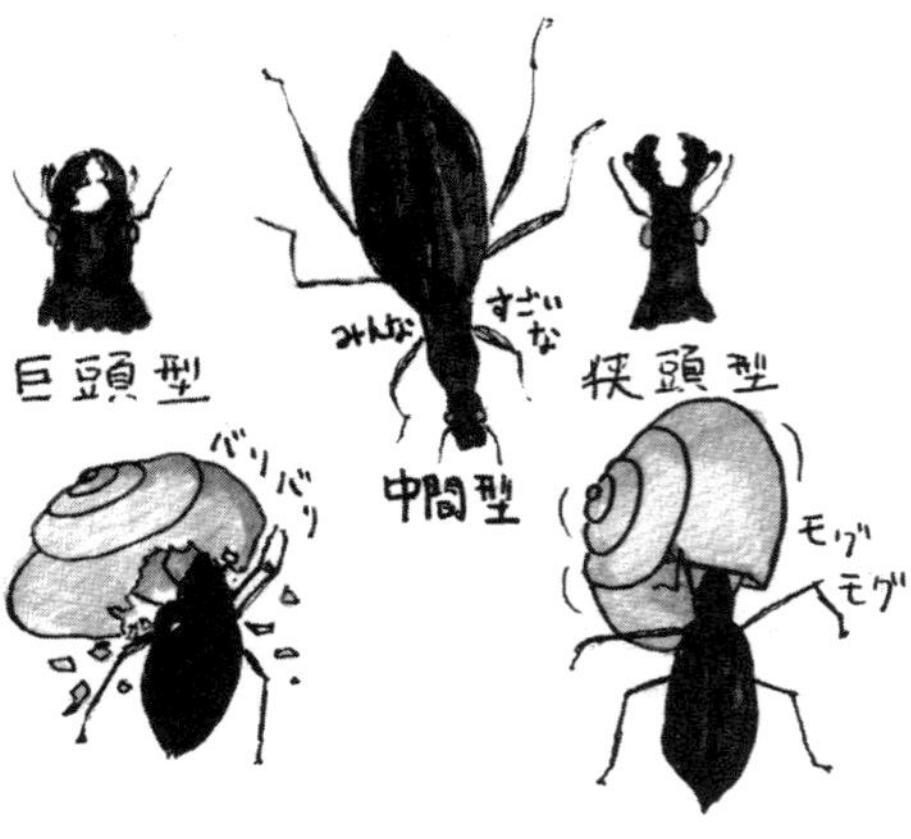

＊4：マイマイカブリのタイプ

ギーを費やすことをやめ、地上のカタツムリを食べることに特化して進化したのであろう。カタツムリは飛んで逃げたりはしないのだから、マイマイカブリも飛ぶ能力は不要である。

身体と一体化した羽には金属光沢があり、基本、黒っぽい色ではあるが、淡いメタリックな色彩に多様な変異がある。緑がかっていたり、青く輝いていたりする。**構造色**【＊3】という微細な構造によって作られるその色彩は、タマムシと同様の仕組みである。目立たないだけならただ黒ければいいだろうに、なぜこのような色彩の変異があるのだろうか。

変異があるのは色彩だけではない。興味深いのは、頭部と胸部の形態である。**マイマイカブリは、大きく「巨頭型」と「狭頭型」という、2つのタイプに分けられる**【＊4】。巨頭型は頭部と胸部が横に肥大したタイプで、狭頭型とは頭部と胸部が縦に伸張したタイプのこと。この2タイプは、カタツムリに対する攻撃戦術の違いがもたらしたと考えられている。巨頭型はアゴの力が強く、カタツムリの殻を壊すことが得意な一方、殻の開口部に頭を突っ込んで食べることは苦手。一方、狭頭型は、カタツムリの殻の開口部に頭を突っ込んで食べることが得意な一方、殻を壊すことは不得意だという。

うまく殻も壊せて頭も突っ込めるようにできないものかと思うが、東邦大学の小沼順二さんの実験によれば、中間的なタイプは殻も壊すのも苦手で頭を突っ込むのも苦手な、カタツムリを食べるのに向かないマイマイカブリになってしまうんだそう。二兎を追う者は一兎をも得ず、というわけだ。

そんなわけで、自然界にはそのような中間的なタイプが生き残る余地はなく、2つのタイプのどちらかになってしまう。進化とはなんとも奇妙なものである。

マイマイカブリは鳥などの天敵におそわれると、おしりの先からガスを噴射して身を守る。私は経験がないのだが、むやみにつかまえると人間も攻撃されるらしいので気をつけた方が良い。顔を近づけてガスが目に入ると危険である。

＊３【構造色】光の波長くらい微細な物理構造によって、特定の波長範囲の光を反射させることで発色すること。普通の色素はある特定の範囲の波長の光を吸収することで発色するのに対し、構造色では物質そのものの色とは異なる色が見える。例えば、透明な液体からできたシャボン玉の薄膜が、光の干渉でさまざまな色に見えるのも、構造色の一種。

マイマイカブリは長年ずっと嫌っていたが、いざ調べてみると、おもしろい特徴があって、生きものとして興味がわいてくる。とは言え、「マイマイカブリを飼ってみたい」という息子。もしほんとうに飼うことになったら、いったいなにをエサにするつもりなのだろうか。まさか……。

鳥類のカルシウム源

マイマイカブリはさておき、もう一つ、カタツムリの天敵として主要な生きものがある。鳥である。

なぜ鳥類がカタツムリを好んで食べるかと言うと、卵の殻の主成分であるカルシウムがカタツムリの殻に豊富に含まれているからである。もっとも、もし鳥と話ができるなら、ただ「うまそうだから」と答えるのかもしれないが。

多くの鳥にとって、カタツムリは重要なカルシウム源である。とりわけ産卵期の鳥は、同様に卵生成期の爬虫類や妊娠期の哺乳類に比べて、10～15倍のカルシウムを必要とするとされる。充分なカルシウムなしには子孫を残せない。カマドムシクイという鳥の繁殖を調べた研究によれば、実験的に森林土壌のカルシウム分を調節すると、土壌のカルシウム分が高い

＊5：ノミガイ

方が繁殖密度や卵の数、繁殖回数が多くなるそうだ。これは、鳥が土壌を食べているのではなく、土壌のカルシウム分がカタツムリの生育に良い影響を与え、それがカマドムシクイの卵形成に影響を及ぼしていると推測されている。

ただし、カタツムリは鳥に食べられて、うまく利用されてばかり……というわけでもない。ノミガイという2㎜ほどの、まさにノミくらいの大きさのカタツムリがいる。このカタツムリは、鳥に食べられることを逆手にとって生息地を拡大する。**ノミガイはメジロが好んで食べるのだが、一部のノミガイは消化されない。なんと、生きたまま排泄されるのだ**【＊5】。

２０１１年、当時東北大学の大学院生だった和田慎一郎さんは、これを実験的に検証した。捕獲したメジロに１００匹以上のノミガイを与えたのだ。結果は、与えたノミガイのうちの約15％が排泄されてもまだ生きていた。しかも、排泄直後に仔を産んだものもいたという（ちなみに、ノミガイは卵胎生で、卵ではなく仔を産む）。

殻が消化されないのはともかく、軟体部が消化されないのは不思議である。実はノミガイは、冬蓋という膜状の蓋で殻の入り口を密閉して、軟体部への消化液の流入を防いでいる。もはや食べられる気満々である。

こうして、小笠原諸島のような離島であっても、小さなカタツムリが拡散できるというわけだ。鳥に食べられ、糞になっても生きて移動するとは、なんとも強かで、驚かされる。

空を飛ぶ鳥は動きが俊敏で、一見するとカタツムリとは無縁の存在にも思える。しかし、鳥とカタツムリとは切っても切れない深い関係にある。鳥類にとってカタツムリは欠かせない存在だし、一方でノミガイなどはそんな鳥類を利用して生息地を広げてきた。

そういえば、人間の嗜好も、傍目にはわかりにくいことがある。「この人、どうしてカタツムリなんかが好きなんだろう」なんて思っていないだろうか。もしかするとカルシウムのような、一見してもわからない大切ななにかが、その人を深く惹きつけているのかもしれない。

カタツムリを食べる右利きのヘビ

カタツムリばかりを食べるヘビがいるとは、そのこと自体大きな驚きである。私も初めて聞いたときは驚いた。

ヘビというと、素速い動きでカエルやネズミなどの小動物を捕らえて食べるというイメージが強く、動きの遅いカタツムリなんて、眼中にないだろうと思いがちだ。そんな先入観を払拭するのが、イワサキセダカヘビというカタツムリ専門食のヘビである。

世界的に見ると、珍しいヘビというわけでもなさそうだ。カタツムリを専門に食べるヘビは日本国内ではこのイワサキセダカヘビだけだが、アジアにはこのセダカヘビ科のヘビが15種見つかっていて、すべてカタツムリを専門に食べる。さらに、マイマイヘビ科という中南米に分布するヘビの仲間は、その名の通りカタツムリ食に進化したものが多い。ヘビにとって、カタツムリというのは意外と良い獲物なのかもしれない。足のないもの同士、カタツムリのように縦横無尽に樹木や草の上を這い回る生きものを食べるには、ヘビのように縦横無尽に動き回れる生きものが適しているのだろう。

さて、イワサキセダカヘビの名が知れ渡ったのは、イワサキセダカヘビにまつわる細将貴さんの研究によるところが大きい。現在、早稲田大学の准教授である細将貴さんは、イワサキセダカヘビを「右利きのヘビ」として世に知らしめた。イワサキセダカヘビは歯の数が左右で違うのだが、これこそ「右利きのヘビ」たるゆえんである。

イワサキセダカヘビは、カタツムリに背後から忍び寄り、かぶりつく。殻を壊したり、殻ごと飲み込んだりはしない。軟体部を殻から引き抜くのである。そのときに、左右で数の異なる歯が役に立つ。サザエのつぼ焼きが好きな方はわかるかもしれないが、巻き貝から軟体部をきれいに引き出すのはなかなか難しい。多くのカタツムリは右巻きなので、イワサキセダカヘビの口は右巻きのカタツムリを引き出すのに便利な形状をしているのだ。したがって、実験的に左巻きのカタツムリを食べさせようとしても、うまく食べられないという。

左右の歯がアンバランスに進化するなんて、進化とはおもしろいものである。

ここでも、カタツムリはやられてばかりではない。カタツムリの対抗手段は「自切」である。自切とは、トカゲのしっぽ切りが有名だが、自分の身体の一部を自ら切り離して、外敵から逃れる行動である。イワサキセダカヘビの生息する石垣島にいるイッシキマイマイというカタツムリは、軟体部を自ら切り離す「自切」を行うのである。そして、トカゲのしっぽ同様に、またしっぽが生えてくる。

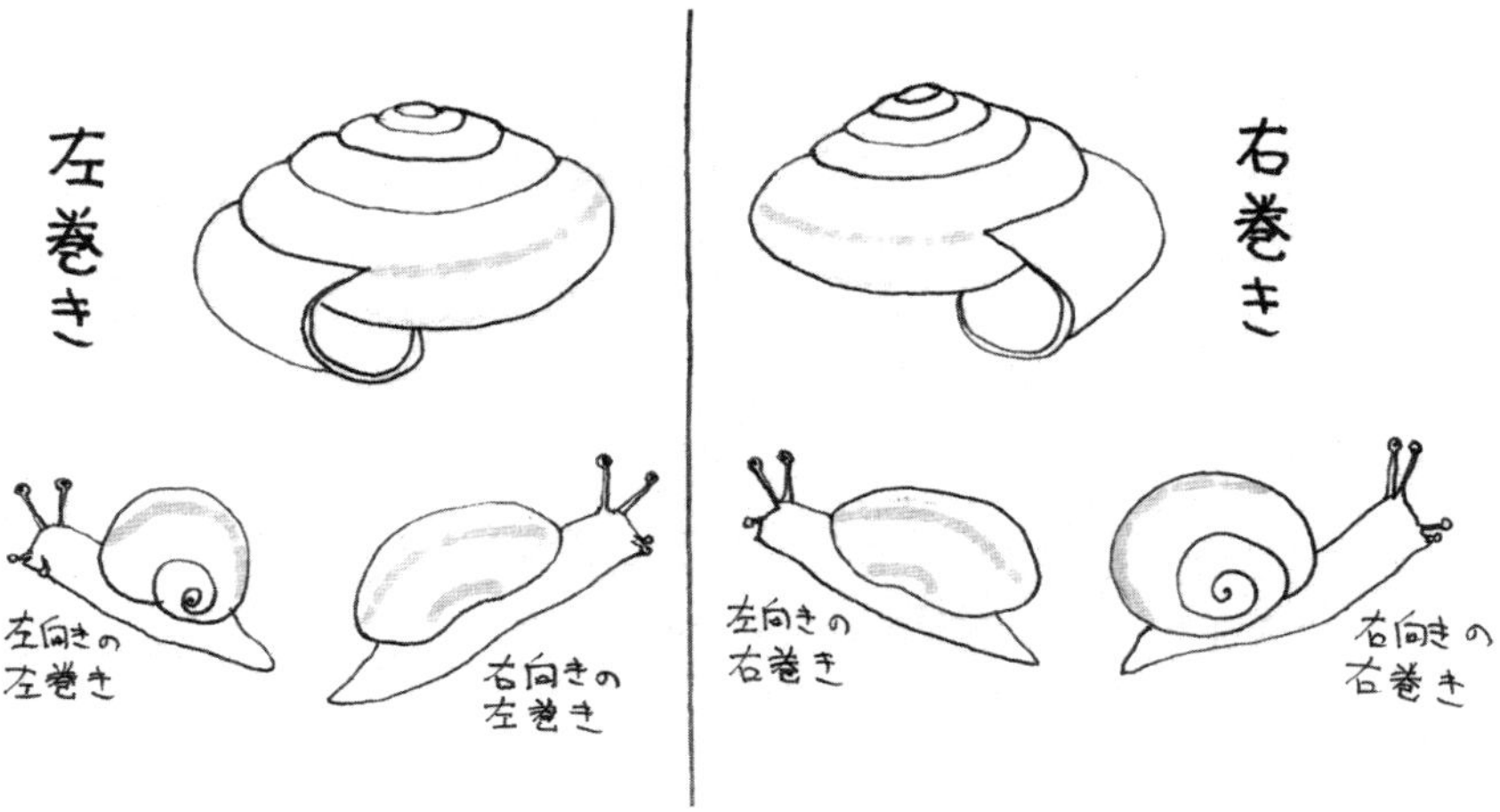

＊6：右巻きと左巻きのカタツムリ

カタツムリは、キセルガイの仲間を除いて、ほとんどが右巻きである。だが、少数派ながら左巻きの種もいる【＊6】。カタツムリは、右巻きは右巻きと、左巻きは左巻きとしか交尾をすることができない。物理的に難しいのだ。だから、突然変異で左巻きのカタツムリが生まれたとしても、交尾する相手がめったに見つからないので子孫を残すことが困難である。それなのに、なぜ進化できたのだろうか。

イワサキセダカヘビという、右巻きカタツムリを専門に食べるヘビがいれば、その疑問にある程度は答えることができる。左巻きのカタツムリに生存しやすいバイアスがかかるので、数少ない左巻きのカタツムリ同士が出会う可能性は高まるというわけだ。

この辺りの話は、細将貴さんの著書『右利きのヘビ仮説　追うヘビ、逃げるカタツムリの右と左の共進化』（東海大学出版会）に詳しい。興味のある方はぜひご覧いただきたい。

共生ってなんだろう

共生というのはよく聞く言葉だ。「自然との共生」などと言うように、なんだかやさしげで平和的なイメージがある。ところが、生物と生物との共生関係というのは一筋縄ではいかない。

共生関係には、「相利共生」「片利共生」、そして「寄生」という3タイプがある。おそらく一般的な「共生」のイメージにもっとも近いのが、相利共生である。相利共生とは、双方に利益のある生物間の関係のことを言う。

相利共生で有名なのが、アリとアブラムシの関係である。アブラムシはおしりから甘いおしっこを出し、アリはそれを食料にする。一方、アブラムシの天敵はテントウムシで、アリはテントウムシを追い払う。アリとアブラムシは双方に利益があるので、相利共生と言えるのである。

アリはアブラムシに限らず、しばしばボディガード役を引き受けている。身近なところではサクラもアリを利用している。**サクラの葉っぱをよく見ると、軸の付け根のところに蜜腺という甘い蜜を出す部分がある**【＊7】。実際に人間がなめてもほんのり甘いので、アリもあつまる。一方、サクラにとってアリは、葉を食べる天敵から守ってくれるボディガードになるので、アリと共生することが双方の利益になるのだ。ここには微妙な駆け引きもあって、サクラの葉はちょっとしか甘い蜜を出さない。分散して小出しにすることで、アリはサクラの木の隅々まで歩き回ってくれるから、都合が良いのだ。

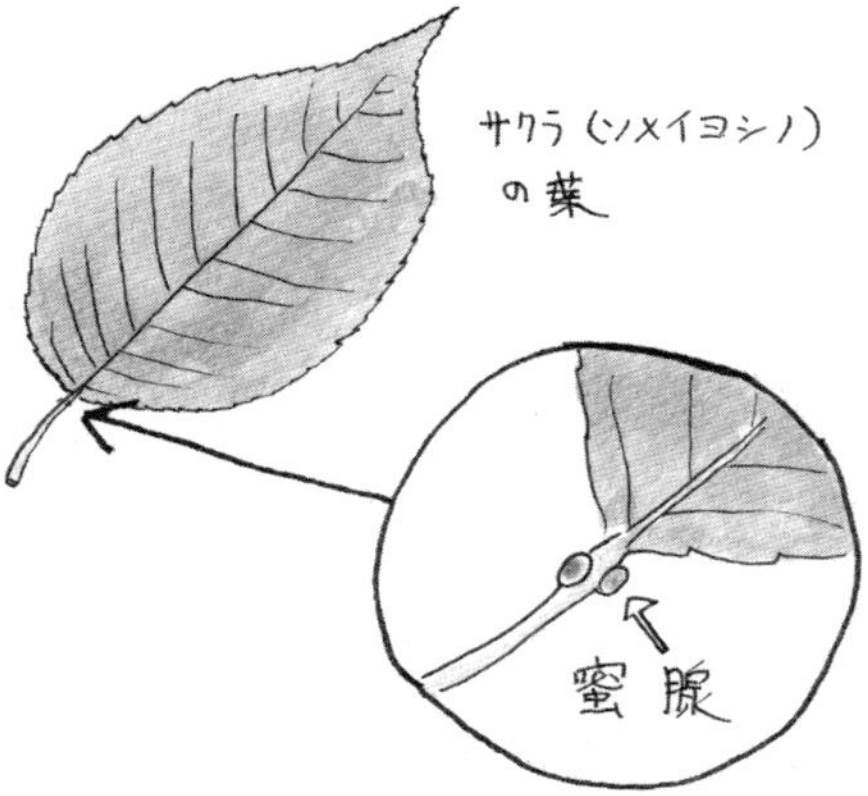

＊7：サクラの蜜腺

片利共生というのもある。一方だけが利益を受けるような生物間の関係である。クロシジミというチョウの幼虫は、アリに自分を巣の中に運び入れてもらい、10か月ほど育ててもらう。アリはクロシジミの幼虫に口移しでエサを与え、からだの掃除までするのだ。そこまで行くと、アリにとってたいした利益はなさそうである。クロシジミの幼虫は化学物質を使ってアリの幼虫に擬態し、一方的にアリに世話をしてもらっているのだ。まさしく片利共生である。

アリと共生する昆虫のことを、好蟻性昆虫と呼ぶ。アリを仲間にすればボディガードとして優れた仲間になるし、うまく利用できれば安全な巣まで運んでくれて、エサをくれて、掃除までしてくれるというわけだ。

実は、そんなアリと共生するカタツムリもいるという。好蟻性カタツムリとでも呼ぶべきか。

アリの巣に入り込むカタツムリ

以前、オカチョウジガイという黄色い軟体部を持つ小さなカタツムリを見つけた。アリに囲まれて、最初は襲われているのかと思ったが、なにやらアリの大アゴにくわえられて運ばれるところだった。泡を出している個体もいた。

調べてみると、このオカチョウジガイ。アリの巣の中で見つかることもあるという。生きものの死がいなども食べるカタツムリなので、無事にアリの巣に入り込めれば、アリのエサを横取りでき、天敵に出会う可能性も減るので、都合が良いのだろう。

オカチョウジガイは単にアリの巣に居候しているだけという可能性もあるが、私の見たのが間違いでなければ、アリの方も積極的にオカチョウジガイを巣の中に運び入れている。なにかアリが好む物質や、アリに擬態する化学物質を出しているのかもしれない。

ほかにも、石をひっくり返したときに、裏側にびっしりとアリが巣を作っていることがあるが、そこに微小なカタツムリが紛れていることもあった。これもただ紛れ込んでいるだけなのか、積極的にアリと共生しているのかはわからない。

もし万が一、アリの巣に潜むカタツムリがアリの幼虫などを襲って食べるようなことがあれば、それは片利共生から**寄生**【＊8】へと、共生関係の質が大きく変わってくる。シェアハウス、シェアオフィスなども流行っているようだが、片利共生なのか、相利共生なのか、はたまた寄生なのか。共に生きるということは平和的とは限らず、なかなか難しいものである。

カタツムリが受粉する植物

カタツムリの共生関係の例は、まだまだある。次は、カタツムリが種子や花粉、胞子などを散布する役割を果たす例である。

花粉の送粉者は、「ポリネーター」という言葉で表される。花粉を運んで、受粉を仲介する

＊8【寄生】ほかの生物から養分を横取りして生活すること。寄生される相手のことは「宿主」と呼ぶ。

役割を担う生物のことである。代表的なのが、ミツバチ。さまざまな花の蜜を吸いながら、からだに花粉をくっつけて、その花粉を遠く離れた別の花のめしべにくっつけて受粉させる。花の側も、ミツバチが見つけやすいように美しい派手な色をしている。ミツバチなどの多くの昆虫は、ヒトには知覚できない紫外線も知覚することができる。そのため、人間は見てもわからないが、目立つように花の中心部には紫外線の反射率の異なる蜜標と呼ばれる部分もある。

花の香りも、ミツバチなどのポリネーターにアピールするために付いている。例えば、ラフレシアという世界最大の大きな花は、ハエがポリネーターである。ハエが腐ったものに集まってくる習性を利用しており、ラフレシアはとても臭い。

このように、花はどんな生きものがポリネーターになるかによって、その外見も匂いも大きく変わる。ポリネーターが知覚できるなら、ヒトの知覚できる範囲も容易に飛び越える。

ポリネーターの役割は、花粉をなるべく遠くの花に送ることである。遺伝的に遠い花のほうが都合が良く、ふつうは地理的に遠いところほど遺伝的にも離れているので、なるべく遠くに飛べるミツバチなどが都合良い。一方、カタツムリは飛ぶどころかジャンプすることさえ難しい。移動ものんびりである。にもかかわらず、カタツムリが送粉しているのではないかと思われる植物があるというのは不思議である。そんなことがあるのだろうか。

琉球大学の伊澤雅子さんの報告によれば、オキナワウスカワマイマイはゲットウの花粉を食べており、糞の中には花粉が原型をとどめたまま入っているという。このことから、カタツムリも花粉を運んでいる可能性があるのだ。植物がそれを望んでいるのか、結果的にそうなってしまったのかはわからない。実はほかにも、カタツムリがポリネーターの役割を果たしている可能性が指摘されている植物種は少なくない。

自力で移動ができない花は、自分を食べに来るカタツムリを仕方なくポリネーターとしているのか、それともなにかカタツムリがポリネーターとして優れている点があって利用しているのだろうか。そのヒントが、ナメクジの研究にあった。

ヤマナメクジはキノコ好き

大きなナメクジは、コケの繁殖体や胞子を散布していることが、海外の研究者によって報告されている。植物は一方的に食べられるばかりではなく、ナメクジをうまく利用し、支え合っているのだ。気づいていないだけで、そんなことはよくあることなのかもしれない。

日本には**ヤマナメクジ**【＊9】という大型のナメクジがいる。おもに森にいる大きなナメクジで、キノコが大好きである。見た目もなんだかシイタケ感がある。キノコの匂いに惹かれてあちらこちらへ移動して、キノコを見つけるとモリモリと食べる。

私が子ども時代の多くを過ごした大分県はシイタケの名産地であるが、山のなかにあった私の家でもシイタケ栽培をしていた。栽培していたシイタケをヤマナメクジにかじられてしまうことはよくあった。かじられていると商品価値はないが、もったいないので我が家で消費するシイタケの佃煮行きに決定である。シイタケ佃煮はごはんのお伴としてとても良いのでおすすめだ。

話がそれてしまったが、シイタケに限らず、キノコには独特の匂いがある。マツタケの香りは象徴的だが、近畿大学の澤畠拓夫さんらによる２００８年の研究によれば、マツタケの香りの主成分は、トビムシという小さな虫が嫌いな匂いらしい。人間からすれば良い香りなのだが、それとは無関係に、キノコの匂いは周囲の生物に対するなんらかの効果をともなうものなのだ。ヤマナメクジはこうしたキノコの匂いが大好きなようだ。

菌類生態学が専門の北林慶子さんは、そんなヤマナメクジとキノコとの関係について研究しており、金沢大学での博士論文によれば、ヤマナメクジにヒラタケやナラタケモドキなどのキノコを食べさせたあと、その糞を分析すると、糞の中の胞子は破壊されることなく発芽能力を保っていたという。さらには、糞の中にあるときにすでに発芽しているものが約7%もあった。ヤマナメクジの消化管の中にあると、キノコの胞子の発芽が促進される可能性があるというのだ。つまり、ヤマナメクジはキノコの胞子散布に貢献している可能性が高い。

しかし、ナメクジのようなのんびり移動する生きものを、一部の植物やキノコはなぜ散布者として選んだのだろうか。飛翔する鳥や昆虫の方がよっぽどふさわしいのではないだろうか。その点も、北林さんの博士論文では触れられている。キノコはどこででも繁殖できるわけではなく、限定された樹種の枯れ木がないと、生長することができない。やたらめったらあちこちに散布しても、きちんと発芽して生長できるのはごく一部の胞子だけである。その点ヤマナメクジは生息環境がキノコに近い。じめじめした倒木の下などを棲みかとしていて、なおかつ食べると発芽が促進される。キノコにとって、自らを食べてもらうことは、とても大事なことなのだ。

＊9：キノコが好きなヤマナメクジ

一方、ヤマナメクジにも嫌いなキノコがある。それはテングタケ科のキノコで、ある種の匂い成分に、ヤマナメクジが嫌いなものがあるようだ。一方で、テングタケ科のキノコに多い毒性分のアマニチン毒には耐性があるというから、なぜ嫌いなのかはよくわからない。匂いがまるで「生理的に受け付けない」とか、人間の食わず嫌いのようでもある。

キノコが大好きなヤマナメクジにも、嫌いなキノコがある。「カタツムリは大好きだけど、ナメクジはどうも……」という人もいるだろうが、案外ヤマナメクジはその気持ちを理解してくれそうである。

カタツムリの寄生虫

カタツムリに寄生する生きものもいる。

寄生虫というとなんだか気味が悪いと感じるかもしれないが、ヒトにも寄生するおそれのあるものは、広東住血線虫というごく一部の寄生虫だけである。

広東住血線虫はもともと日本にはいなかったのだが、アフリカマイマイという大型のカタツムリとともに日本国内に侵入した。したがって、アフリカマイマイが外来種として繁殖している沖縄や鹿児島、小笠原諸島では、広東住血線虫に特に注意しなければならない。人間に感染すると命に関わる危険な寄生虫である。生きたナメクジやカタツムリを生で口にしないことはもちろんだが、彼らに触れたら手を洗うことや、彼らが触れた可能性のある野菜などを洗浄することも必要である。

とは言え、広東住血線虫が寄生するのはカタツムリだけではない。カエルやスクミリンゴガイ（ジャンボタニシ）などにも寄生する。また、アフリカマイマイ生息地域でなければ、むやみに恐れる必要はないだろう。生きものに触れることは価値がある経験なので、私としては恐れ過ぎてほしくない。もちろんカタツムリに限らず、どんな生きものであっても、触れた手をそのままにするのは衛生的には問題があるので、触れたら手を洗うことが大切である。

この辺りの加減はとても難しい。どんなに確率が低いとしても、生命のリスクがあると考えれば、一生カタツムリに触れないという選択をするのも個人の自由である。でも、リスクは言い始めるとキリがなく、極端になればあらゆる自然から距離を置くことにもなりかねない。一定の配慮のもとで触れることができれば、得られるものは少なくないと私は信じている。

ところで、人間の代表的な寄生虫といえば、ダニだが、ダニは非常に多様で、マダニやイエダニのような寄生性のものはごく一部に過ぎない。その上、寄生性のものだけでも種類が多い。さまざまな生きものに専門的なダニがいて、例えばコウモリにはコウモリ専門のダニがつく。

なかには、カタツムリダニというのもいる。日本ではこれまで3種が発見されているようで、ダイダイカタツムリダニ、ワスレナカタツムリダニ、ニュウムラカタツムリダニという。呼吸孔からカタツムリの体内に侵入し、ふだんは肺で吸血している。ほかにも、マイマイサンゴムシ、ナメクジカンセンチュウ類、クビキレセンチュウ、シヘンチュウ類などの寄生虫がいるそうで、この辺りは寄生虫研究者でカタツムリ好きな、脇司さんの著書『カタツムリ・ナメクジの愛し方　日本の陸貝図鑑』(ベレ出版)に詳しい。

「寄生虫」というと、一般にそれ自体が悪口になるし、悪いイメージばかりなのは仕方がない。とは言え、彼らも生態系の一員である。カマキリやコオロギに寄生するハリガネムシという寄生虫は、カマキリやコオロギを水辺に誘導することで、川で生きる生物に有機物を供給する役割を担っている。同じように、カタツムリの寄生虫にも、生態系においてなんらかの意味があるのだろう。

人間の胃に生息するヘリコバクターピロリ菌は、胃潰瘍や十二指腸潰瘍、胃がんなどを招くことで知られる。そうした悪い作用をする一方で、実はピロリ菌には胃酸を中和する役割もあるらしい。ピロリ菌がいない人は胃酸過多になりやすいそうで、かくいう私もそのせいか逆流性食道炎に悩まされている。ほかの生きものとの共生の良し悪しは、どうも一筋縄ではいかない。

行動をコントロールする寄生虫

子どものころ、テレビ番組で初めて映像を観て衝撃的だったのが、ロイコクロリディウムという寄生虫。ロイコクロリディウムは、オカモノアラガイというカタツムリに寄生する寄生虫。寄生したカタツムリの行動をコントロールすることで知られている。インパクトがあるので、聞いたことがある人は多いはずだ。インパクトが強すぎて、カタツムリの寄生虫といえば、ロイコクロリディウムのことと思ってしまう人も少なくない。

ロイコクロリディウムは、カタツムリの体内に侵入すると長い2本の触角のうちの1本に入り込む。寄生された触角は太くなり、特徴的な動きをするシマ模様が現れる。その太い触角は、一見するとイモムシのようだ。本来カタツムリは薄暗いところを好むのだが、ロイコクロリディウムに寄生されたカタツムリは違う。ロイコクロリディウムがカタツムリの行動をコントロールして、明るい目立つところへと誘導するのだ。イモムシのような触角をもち、明るい目立つところにいるものだから、カタツムリは天敵である鳥にたちまち食べられてしまう。

ロイコクロリディウムのねらいはそこにある。**カタツムリを鳥に食べさせることで、自身が鳥の体内に侵入するのだ。鳥の体内で、成長したロイコクロリディウムがやがて産卵する。卵は鳥の糞に紛れて地上に落ち、カタツムリに食べられる**【＊10】。

寄生されたカタツムリの外見の奇妙さもさることながら、宿主（寄生された生物）の行動をコントロールするというのが、なんとも不気味な話だ。カタツムリ好きな私には、あまりに衝撃的だった。

「カタツムリは単純な生きものだから、そんなふうに寄生虫にコントロールされやすいんだ」と思う方もいるかもしれない。けれど、これはヒトも無縁な話ではない。

ロイコクロリディウムがヒトに寄生することはない。しかし、例えばメジナ虫という、現在もアフリカの一部に生息する寄生虫は、川の水を飲んだヒトの体内に侵入する。体内でメジナ虫が成長すると、やがてヒトは足に激痛と熱の感覚を覚えるという。その感覚から、足を水につけたいと思うようになるのだ。その結果、実際に足を水につけてしまうと、メジナ虫が幼虫を水中に放出するというわけ。メジナ虫も、うまくヒトをコントロールしている。

また、トキソプラズマという寄生虫は、ネズミに寄生すると、ネズミを無気力にしたり、猫のにおいを好むようにしたりするなど、猫に食べられやすいようにネズミの行動をコントロールする。ヒトにもトキソプラズマは寄生してしまうことがあるが、同じ哺乳類であるネズミ同様、ヒトの行動もトキソプラズマに影響を受けている可能性が指摘されている。

もっとも、寄生虫がヒトを含む他の生物の行動をコントロールする手法には、まだまだわかっていないことも多くある。

もし私たちヒトの行動を、自分に都合の良いようにコントロールできる生きものがいるとしたら、なんとも不気味だ。そんな生きものは存在してほしくない。

＊10：ロイコクロリディウムのねらい

……あれ？

でも、よく考えてみると、私たちも他人や他の生きものに対して、そんなことをしていないだろうか。

自分の都合の良いように、誰かの行動をコントロールなんて……そんなこと……しようとしたことは……えーっと……。ちょっと2、3日、我が身をふりかえっておこう。

カタツムリの殻で子育てするハチ

宮﨑駿原作の『風の谷のナウシカ』で、王蟲の抜け殻の眼の部分を、風の谷のガンシップの部品として活用しているシーンがある。ナウシカはフィクションだが、実際に人間は、昆虫であるカイコの吐き出す糸を繊維として利用するなど、他の生物が作り出す物質や構造を、別の目的にして利用することがよくある。

生きものと生きものの関係というと、食べる側と食べられる側という食物連鎖のつながりばかりを連想しがちだが、ヒトに限らず、他の生きものが作り出す特徴的な物質や構造を利用する生きものは存在する。なかでもカタツムリの殻のような特徴的な構造は、ほかの生きものにとって貴重な資源であろう。海の巻き貝であればヤドカリの仲間が殻を利用する。同じように、陸の巻き貝であるカタツムリの殻も、利用する生きものが存在する。

それが、**マイマイツツハナバチ**【＊11】というハチである。

ハチと言えば、ミツバチ。そしてスズメバチやアシナガバチがよく知られている。しかし、ハチは実に種類が多い。泥でトックリ状の巣を作るトックリバチの仲間や、大きく太っちょなクマバチの仲間など、さまざまな種類がいる。

ツツハナバチの仲間は、見た目はいわゆるミツバチに近く、かわいらしいハチである。ミツバチ同様にポリネーターとして働くハチで、その名の通り、竹筒などの筒状のものや、石積みの隙間などに巣を作る。ハチが筒の中に花粉だんごを運び入れ、そこで子どもを育てるのだ。竹筒など筒状のものをたくさん積み上げておくと、そこはたいていハチのマンションになるので、あえて作ってみてもおもしろい。欧米では「Bee Hotel」と呼ばれ、わりとよく知られている手法のようだ。

マイマイツツハナバチは、そんなツツハナバチのなかでも変わり者である。営巣に利用するのはカタツムリの殻だけ。ツクシマイマイやミスジマイマイ、クチベニマイマイといった、大型の殻を持つカタツムリの空き殻を利用する。私も一度見つけてみたいと思っているのだが、はっきりと同定できたことはまだない。

近畿大学の香取郁夫さんによれば、マイマイツツハナバチはカタツムリの殻を脚で押して移動し、殻の出入り口が下を向くように縦向きにする。**そこに植物の葉などを利用して間仕切りを作り、花粉を運び入れ、産卵する**【＊12】。カタツムリの殻は奥に行くほど狭くなるが、育つ幼虫は殻

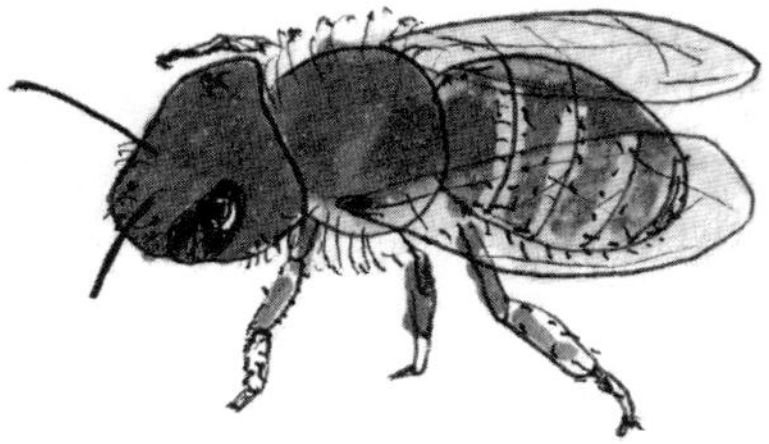

＊11：**【マイマイツツハナバチ】**

の奥ほどオスである確率が高く、殻の出入り口に近いほどメスである確率が高いという。メスはからだが大きいほうが生存に有利なので、空間も広くなっているのかもしれない。

カタツムリの殻を利用するのはマイマイツツハナバチだけではない。北海道大学大学院農学研究院（当時）の森井悠太さんと国立科学博物館（当時）の小松貴さんの2017年の報告によれば、殻にアリが営巣していることも少なくないようだ。また、ヨーロッパに生息するクモ類は、カタツムリの殻を使って冬越しをするという。

ニワシドリのなかにも、カタツムリの殻を集めて求愛に利用するものがいる。ニワシドリと言えば、オーストラリアにいるアオアズマヤドリという、青いものばかりを集めて求愛のためのあずまやを作る鳥が有名だが、同じニワシドリの仲間でも、**オオニワシドリ**【*13】はやや地味なあずまやを作り、カタツムリの殻をあずまやに飾り付ける。なかなか乙な趣味である。

食べる・食べられるの関係もあれば、共生の関係もある。さらには、死んだ後の殻を利用する生物もいる。生きものと生きものの関係とは、実に多様でおもしろいものである。

思えば人間同士の関係も、親子、兄弟、先生と生徒、クラスメイト、上司、同僚、部下、恋人、夫婦などの関係だけでなく、「腐れ縁」のようなよくわからない関係もしばしばあるではないか。そうした、ひとことでは説明できないような関係性が、意外と人生では大切なものになったりする。

余白のある生き方

カタツムリは、ただひたすらに生きている。そこに、自分を犠牲にして誰かのために役立

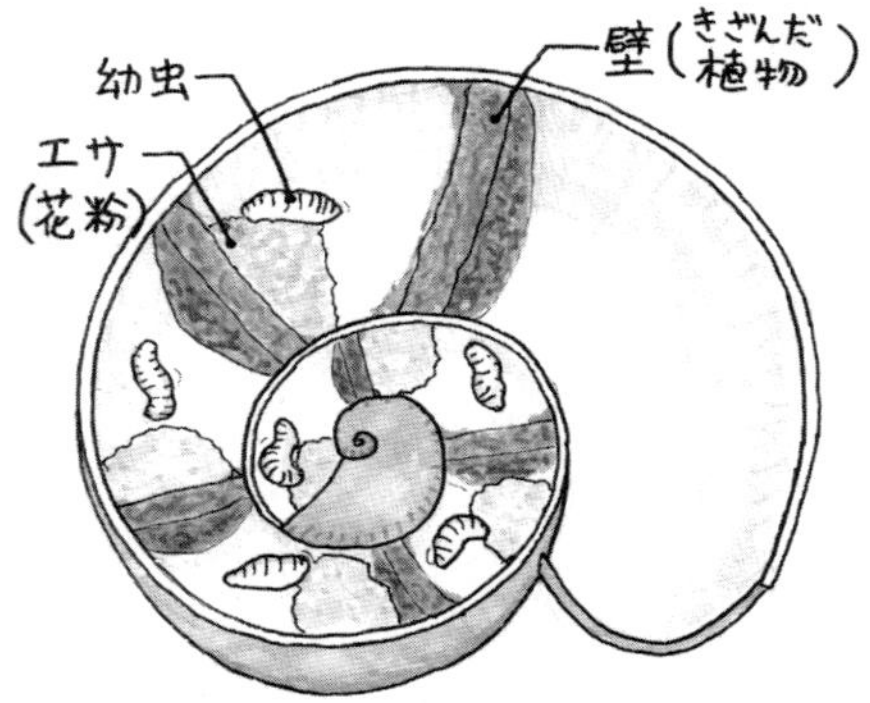

＊12：マイマイツツハナバチの巣

＊13：**【オオニワシドリ】**

とうなんていう気持ちは微塵もないだろう。もしカタツムリに考えがあるとしたら、自分がいかに生き残り、いかに多くの子孫を残すかということだ。なんなら、自分のことばかり考えていそうだ。

けれど、そうしてひたすらに生きることが、実はさまざまな生きものの暮らしを支えている。カタツムリがいなければ生きられない生きものもたくさんいるのだ。生態系において、生きものとはその存在自体が利他的である。

人間もそうかもしれないと私は思う。私が私として存在する。誰の役に立っているとか、迷惑だとか、考える以前にもう利他なのだ。誰の役にも立っていないと自暴自棄になってしまう人もいるかもしれないが、そんな風に思う必要はない。ただひたすらに生きること、存在すること自体が、もう世界に意味をもたらしている。

利他学という学問を提唱する伊藤亜紗さんは『「利他」とは何か』(集英社新書)という本のなかで、うつわのように「余白をつくる」ことが大切だと言う。善意を押しつけるのではなく、ある種の隙があることで、他者のケアができるというのである。カタツムリはその点、隙だらけである。隙だらけで、ほかの生物に食べられ、寄生され、死んだ殻まで利用される。だからこそ、生態系のなかで多くの生物を支えることができるのではないだろうか。

カタツムリのように、私も余白のある人間でいたいと思う。

コラム３

カタツムリのためのヒト講座

本書は人間のために書かれた本ではありますが、もしかすると一部のカタツムリのみなさんが、自分たちのことがどんなふうに書かれているのか気になって、本書を読んだり食べたりする場合があるかもしれません。そこでこのページでは、ヒトとはどんな生きものなのか、「かたつむり見習い」のヒトである私の視点から解説いたします。

1　おもに光で世界を描きます。

カタツムリのみなさんは、ツノや身体全体の触覚、そして嗅覚を使って世界を感じていらっしゃるかと思います。ヒトも触覚や嗅覚はあるのですが、みなさんに比べると鈍そうです。一方、ヒトは光を感じる「視覚」を主体にして、環境を知覚し、世界を描いています。光の情報は、明るいか暗いかがわかるだけのものではありません。ヒトは光の反射を利用して、まるで直接触れているかのように、ものの形や感触を想像することができるのです。

2　雑食性で、体外にも消化プロセスがあります。

みなさんはおもに植物を食べていらっしゃるかと思います。一方、ヒトは雑食です。他の動物の肉もよく食べます。その点、植物以外も食べる方々、例えばチャコウラナメクジのみなさんや、オオクビキレガイのみなさんには近いかもしれません。一方、ヒトはセルロースという植物の大部分の栄養を消化できません。

また、一般的な雑食性と大きく異なる点は、料理という行為がある点です。これは、ヒトという生物の特筆すべき大きな特徴と私は考えています。

料理というのは、食べものを切ったり潰したり、熱を通したりした上で、水や塩などミネラルと混合し、味や匂い、消化しやすさを変化させる行為です。体外で行う消化プロセスと言って良いでしょう。料理に消化液は用いませんが、食材のほか、火などの熱源、水、塩などのミネラル、包丁などの道具が使われます。

3　性が固定的です。

みなさんは個体ごとに雄性生殖器と雌性生殖器の両方を持っています。ところがヒトは、1個体がどちらか一方の生殖器しか持てない不便な生きものです。交尾をしても、雌性生殖器を持つ個体、すなわちメスしか子どもを残せないことになります。

また、性に応じて生殖器以外の身体の特徴や、行動にも差異が見られる傾向があります。とは言え、グラデーションがあり、個体差や地域差がそれ以上に大きく、時代や文化によって変化があります。

4　子どもを産み、子育てに長い時間をかけます。

カタツムリのみなさんは、卵を安全な環境に産むまでが大きな仕事で、その後は卵を放っておかれることと思います。

まず、ヒトは卵を産みません。受精卵をお腹の中で10か月以上も育ててから子どもを産みます。同時に複数の子どもが産まれることは少なく、まして一度に数十個体以上も産むようなことはありません。

生後しばらくのあいだは、メスが血液を母乳という吸収しやすい栄養に変化させて、子どもに与える習性があります。これは、みなさんには馴染みのないことかもしれませんが、哺乳動物に共通する特徴です。

親などの育てる個体と子どものあいだには、アタッチメント（愛着）という特別な絆が生まれます。そして、生後10～20年、長ければそれ以上、親や保護者が子どもの世話を続けることが普通です。最近は子どもを産んだメスが子どものケアを担う場合が多いですが、これは時代や文化によって異なり、現在も変化しています。ヒトは一人の親が子育てのすべてを担えるようにはできていないため、母親と父親、実の親や育ての親、あるいは祖父母、兄や姉、地域の他者など、多くのヒトが子育てに関わることが絶対に必要です。

5　言語でコミュニケーションをします。

先述のように、ヒトは言語を使ってコミュニケーションをします。言語は音声のこともあれば、文字で表すこともあります。言語の機能としては、情報のやりとりだけでなく、言語を交わす行為そのものが仲間やパートナーとの絆を深めるはたらきを持つこともあります。ヒトは聴覚と音声によって言語コミュニケーションをするほか、文字や記号も使います。文書として情報を次世代に残すことができるため、時代を超えた情報伝達も可能になっています。こうした特性によって、ヒトは科学や文化を発展させてきたとも考えられます。

6　巨大な巣を作ります。

みなさんはそこにある環境をそのまま活かして暮らします。日差しが強ければ殻に隠れ、気候が良さそうなときに外出します。ところが、ヒトはそうではありません。そもそも殻を持っていない上に、ナメクジのように隙間に入り込むわけでもありません。

ヒトは安全を確保するために「家」と呼ばれる巣を作ります。家は小さな区画で区切られていて、用途に応じて使い分けられます。血縁グループで一つの「家」を作ることもあれば、血縁とは無関係に多数の「家」が集まったような大きな建造物を作ることもあります。

さらに、家の中にはエアコンという気候を制御する装置が組み込まれていて、暑い日も涼しく、涼しい日も温かくして過ごします。また、殻を持っていないと述べましたが、一方で「服」というものを身にまといます。服は身体の一部ではなく、脱いだり着たりできます。かと言って、ヤドカリのように服の中に引っ込んで隠れることは普通ありません。気候に合わせて、脱ぎ着します。

「家」だけでなく、さまざまな機能を持った「街」「工場」「農地」などを作ることもあり、しばしば広大な地域の環境を大規模に改変します。その際は多くの生きものの生息地を奪い、さらには地球全体の気候を変動させています。

7　協力行動、利他行動ができます。

カタツムリのみなさんは、卵からかえったその瞬間から、自分のことは自分でやるというのが当たり前かもしれません。一方、ヒトは他者に「心」を見出し、協力したり、助けたりします。自然界に単独で放り出されても生きられないという意味では、とても弱い生きものであるヒトが、ここまで進化し、地球上で繁栄できたのは、ひとえに他者に「心」を見出し「協力する」という特性があったからにほかなりません。

特筆すべき点は、ヒトが「心」を見出す対象が、同種の他個体に限らないということです。例えば、カタツムリのみなさんに「心」を見出したり、あるいは非生物にさえも「心」を認めることがあります。現状では大規模な環境の改変によって、他の生きものに悪影響を与えるばかりかもしれませんが、この「心」を見出す対象の広がりによっては、ほかの生命体を生かすために、将来的に環境を大規模に改善する可能性もあります。

8　戦争をします。

⑦と矛盾しますが、協力行動によって生まれた集団も、集団相互の利害が衝突すると、集団同士での争いが始まることがあります。最悪の状態は「戦争」と呼ばれます。

戦争の際、ヒトは相手に「心」を見出さなくなっていると考えられます。事実、戦争の指導者は直接に暴力を交わすことはなく、同種であるヒトとの「心」を通じたコミュニケーションを放棄しています。逆に、前戦で敵とされる相手に「心」を見出した兵士は、協力行動と矛盾する行為によって大きな心の傷を負うことになります。

こうした事態はヒトにとっても望ましい状態ではなく、避けるべきことです。ヒトの社会でもそうした認識が広まっていますが、未だにこうした衝突を避ける方法は見つかっていません。私たちヒトはまだ、なんらかの重大な矛盾に気がついていないのかもしれません。

9　自分が自然の一部であることを忘れがちです。

ヒトはあまりに大きく環境を改変し、ヒト同士の協力行動が発展した結果、自分たちの暮らしがヒトだけで成立しているという勘違いをしばしばしています。本当は今でも自然の循環のなかにいて、そのなかでしか生きられないはずなのに、そのことを忘れて活動しています。それはとても危険なことです。みなさんがヒトに出会った際にはぜひ、「お前たちも自然の一部なんだぞ」と、その生き様をもって伝えてくださると幸いです。

以上、独断と偏見により、９点にまとめてヒトの特性について紹介しました。

現在、ヒトの存在はカタツムリのみなさんにとって脅威ばかりなため、身勝手に聞こえるかもしれませんが、私としては、⑦で述べたようなヒトの利他的特性を生かせるよう、人間界で努力していきたいと考えています。今後もヒト、特にヒトの子どもたちと良好で豊かな関係を築けるように、カタツムリのみなさんにもご理解いただければ幸いです。

かたつむり見習いくん

作のじまさとし

第5章

カタツムリを通して見つめる人間の暮らし

時間感覚

カタツムリはさまざまな点で、非効率的に見える。特にここでは時間感覚について触れておこう。

カタツムリが好きな私は、よく「おっとりしてる」などと言われる。それはカタツムリと私の共通点の一つである。私がカタツムリに似てきたのかもしれないし、そんな私だから、カタツムリを好きでいるのかもしれない。

だが、カタツムリは本当におっとりしているだろうか。人間から見てゆっくりと動くのは確かであり、スローライフの象徴のような存在である。だが、当のカタツムリ自身は、時間の感覚がゆっくりしていると言えるのだろうか。

生きものの時間感覚に関係すると考えられるのが、生きものの「時間分解能」だ。

例えば、私たちが日常的に使っている蛍光灯の光。蛍光灯は実際には1秒間に120回ほどの早さで点滅しているが、それを点滅していると感じることはあまりない。これは、蛍光灯の光の点滅のスピードがあまりに早すぎて、人間の時間分解能を上回っているからだ。一方、蛍光灯の点滅のスピードをだんだんゆっくりにしていくと、どこかでちらちらする点滅が気になってくる。蛍光灯は交換時期である。つまり、点滅が人間の時間分解能より遅くなって、人間にも点滅を知覚できるようになってしまうのだ。

時間分解能は、生きものの種類によって異なる。**ユクスキュル**【＊1】による古い実験が有効であれば、カタツムリは1秒間に4回の振動までは感じとることができるけれど、それ以上に細かい振動になると感じることができないという。一方、例えばミツバチは、人間よりも5倍ほど高い時間分解能を持っているとされる。人間にはわからない細かい翅の動きなども感じ取れることになる。

これらから、時間分解能が高い生きものほど、周囲のものの動きをゆっくりと感じられ、時間分解能が低い生きものほど、周囲のものの動きが早く感じられることが予想される。例えば、時間分解能が低い生きものでは、周囲のものが素早く動いているように感じるという

＊1【ユクスキュル】ヤーコプ・フォン・ユクスキュル（1864～1944年）。「環世界」という概念を提唱したことで知られる、20世紀初頭に活躍したドイツの生物学者。

＊2：カタツムリの時間感覚

わけだ。ハエを叩こうとしてもすぐに逃げられてしまうのは、ハエの時間分解能が人間よりとても高いからだ。

古い実験なので、1秒間に4回という数値の正確さは確かめる必要がありそうだが、**カタツムリは周囲のものに対して「ずいぶん早く動くなぁ」と感じているかもしれない**【＊2】。ということは、やっぱりおっとりしていると言えそうだ。やはり、隙だらけの生きものである。

とはいえ、人間がほかの生きものになることはできない。結局は、想像でしかない。

ところで、そんなカタツムリでも、急ぐことがある。

危険を感じたときなどは、すばやく引っ込むのみならず、移動が速くなることがある。そんなときは自分がゆっくりだなんて、ちっとも思っていないだろう。日差しに照らされた地面が熱そうなときもそうだ。接地する面積を少しでも減らしたいのか、残る足跡が点線上になることもあるが、あれは「あー、あせったー！　急いだから、ギリギリセーフだった！」

なんて瞬間なのかもしれない。

きっと人間だって一人ひとり時間感覚が違う。あるいは一人の人間でも状況によって時間感覚が異なる。絶好調の野球選手は「ボールが止まって見える」ことがあるようだが、極限まで集中力を高めたり、生命の危機に瀕したりすると、時間はゆっくり流れる。

私はきっと、人間のなかでも時間感覚がゆっくりな方だ。とはいえ、私自身も慌てることもあるし、のんびり過ごすこともある。楽しい時間はあっという間に過ぎるし、苦痛なことはいつまでたっても時間が過ぎないように感じる。

多様な生きものたちが、多様な人たちが、それぞれの異なる時間を感じながら、今の瞬間を重ねている。そう思うと、人との出会いも、生きものとの出会いも、尊いものに思えてならない。

カタツムリとジェンダー

私は「男らしさ」というのがどうも苦手である。涙もろいし、甘いものが好きで、かわいいものが好き。手足は冷え性で便秘がち。仕草も「おしとやか」だと言われる。リーダーシップをとるのは苦手でシャイ。特に若いころは、「男らしくない」ことが悩みのタネであった。たとえ男女で性格や趣味嗜好の傾向に違いがあったとしても、それはあくまで傾向であり、一個人を決定するものでもなければ、こうあるべきと押しつけられるものでもない。多少は改善されてきたにせよ、社会文化的な性、つまりジェンダーの影響というのは現代の人間社会でもまだまだ強い。医学部入試で男女の得点に差がつけられていたことも記憶に新しい。

そもそも男女の区別は絶対的なものではなく、性別にはグラデーションがあるというのが今の科学的な見解である。……などと、そんな話に熱くなってしまう私だが、カタツムリに憧れる一面も、そうした性に関することである。

カタツムリにオスとメスの区別はない。雌雄同体であり、1個体がオスとメスの両方の特徴を持つ。具体的に書くと、両性の生殖器を持ち、交尾の際に一方が相手に自分の精子を渡すのと同時に、相手の精子も受け取る。そして、2個体が両方とも産卵するのだ。

オスとメスにくっきり分かれていないところに、なにかやわらかな隙間のようなものを感じさせる。幼いころに「子どもを産みたい」と思っていた私が、「男らしさ」に悩む私が、カタツムリに憧れるのもうなずけるだろうか。

では、カタツムリはなぜ雌雄同体なのか。なにかメリットでもあるのだろうか。

カタツムリの移動様式を思い出そう。のんびりゆっくりとしか動けず、視覚はあまり発達していないので、繁殖相手の匂いをたどって相手を見つけなければならない。繁殖のために交尾することは必要なので、それを考えると、まず相手に出会うまでが一苦労である。

出会いが少ないことを考えると、性別というのは厄介である。性別があると、出会った相手と交尾可能な確率は50％しかない。一方、雌雄同体であれば、出会った相手と確実に交尾が可能である。出会いの少ないカタツムリにとって、雌雄同体なのは大きなメリットになるのだ。

カタツムリにもパートナーに多少の好みはあるのかもしれないが、少なくとも「男らしさ」「女らしさ」などというものを気にすることはないだろう。当然、社会的に男ならこうすべきとか、女ならこうすべきということもない。カタツムリの行動傾向に個体差があったとしても、それを性別に結びつける必要はないだろう。

人間はその点、とてもめんどくさい。これを読んでくれている人のなかにも、「男らしさ」ないし「女らしさ」を大事にしているという人がいるかもしれない。だが、それはただ「あなたの思う女（男）らしさ」であり、たぶん「あなたらしさ」とよくなじむものなのだろう。

あなたらしさはとても素晴らしいものだが、他者に押しつけるべきものではない。たとえ男女の傾向に差があったとしても、個人差も文化差もある。まして法制度やルール、慣習で縛ってしまうのは問題ではないだろうか。

カタツムリに潜む暴力

「かたつむり見習い」を自認する私にも、見習いたくない暴力的な一面がある。それは「恋矢」という特別な繁殖器官にまつわることだ。

カタツムリは2個体が出会ってから交尾を終えるまでに長い時間がかかる。スキンシップをとりながら少しずつ接近する様子を観察していると、愛情が深い生きもののようにも思える。2個体が絡まり合い、ときには情熱的なキスを交わす。ただ、交尾が始まると、そんな見方が一変する。**生殖器とは別の「恋矢」という鋭利な刃物のような器官が体から飛び出し、相手にグサグサと、それを何度も刺しこむのだ**【*3】。実際にパートナーの身体が傷だらけになり、寿命が縮むほど体力を奪う。

自分の遺伝子を残してくれるパートナーに対してあまりにもひどいふるまいだと思うが、

東北大学の木村一貴さんの研究によれば、この行為によって精子の受精率が高まり、他の個体との交尾（つまり浮気）を防止できるのだという。恋矢には特殊な分泌液が付着しており、その成分が受精率を高めるとともに、浮気をする元気も失わせるというわけだ。

一方で、カタツムリは一度に数十個の卵を産むので、できるだけ多様な精子と受精させるほうが自分の遺伝子を残すにはメリットがある。そのため、自分自身は一回に受け入れる精子の量を調節し、自分が受け取った精子の一部を消化さえしようとする。恋矢に付着する分泌液は、逆に相手が自分の精子を消化しようとするはたらきを弱めるのだ。

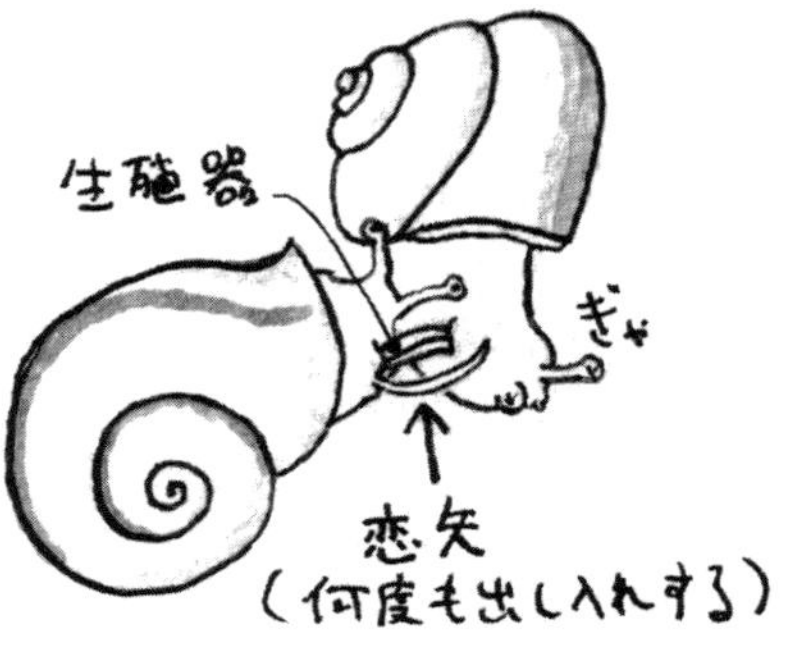

＊3：恋矢

たくさんの卵を産むカタツムリは、複数の個体と交尾する方が遺伝的に多様になって生存にメリットがある。しかし、恋矢はその意欲を奪うことで、相手の浮気を防止する。自分は複数のパートナーと関係しつつ、相手を自分の思い通りにコントロールするために生命力を奪うというのは、暴力的と言って良いだろう。

カタツムリにこんな一面があったとは、驚きである。ここはさすがに見習うべきではない。

そんな一面のインパクトに覆い隠されてしまいがちだが、交尾については一つ素朴な疑問がある。カタツムリがパートナーと出会ってから交尾に至るまでにとても時間をかけるのはなぜだろうか。スキンシップをしながら相手との相性（繁殖可能な相手かどうか）や、健康度合い、生殖能力を見極めているのだろうか。もしかすると、やはり相手がどんな暴力的な「恋矢」を隠し持っているのかも見極めようとしているのかもしれないとも思う。なにせ、相手のからだを隅々までチェックするようなふるまいを見せるのである。

さらに、交尾中にも駆け引きがある。以前、飼育中のフリイデルマイマイの交尾の様子を観察していたら、一方の「恋矢」は相手に刺さらず、もう一方は恋矢を出さず、相手の恋矢を避けながら交尾をしていた。恋矢がすでに抜け落ちていたのかもしれないが、カタツムリの世界でも、非暴力に向けての取り組みが始まっているのかもしれない。

マイマイ米

兵庫県豊岡市にコウノトリ米、正式には「コウノトリ育むお米」というお米がある。コウノトリの野生復帰のために考案された「コウノトリ育む農法」で作られたお米のことだ。

私の住む福岡県でもたまにコウノトリがやってきて話題になることがある。生息環境の悪化により昭和46年に野生絶滅したコウノトリが、令和の日本の空を舞っている背景には、この「コウノトリ育むお米」の存在がある。

環境悪化で絶滅したコウノトリの野生復帰を成功させる上で必要なことは、コウノトリが育つ環境を取り戻すことである。そこで考えられたのが、田んぼのあり方を変えること。無農薬や減農薬で、冬にも水を張る田んぼがあれば、コウノトリの食料となるドジョウやカエルなど、多様な生物が育つ。そうした田んぼがあれば、コウノトリも食べものに困らない。「コウノトリ育むお米」は、そのようなコウノトリの食べる生きものが育つ農法で作られたお米であり、食べるとコウノトリの野生復帰を支えることにもなる、ある種のブランドというわけだ。

こうしたお米作りの事例はほかにもある。佐賀県佐賀市東与賀町では「シギの恩返し米」というプロジェクトが行われていて、やはり生きものを育む持続可能な米作りを目指している。

そんなお米を参考に、カタツムリでもなにかできないかなぁとぼんやり考えることがある。理由はなにより、語呂がいいからだ（!）。だって、例えばツクシマイマイを育むお米だったら、ツクシマイマイまい（米）になる。つまり、マイマイになるというわけ。ただ、ツクシマイマイと田んぼは直接的には関係が薄いので、ツクシマイマイ米というのは、ややこじつけなのが現実。

むしろ田んぼなどの水辺にかかわりが深い種類は、オカモノアラガイの仲間だ。私の住む福岡には、**ナガオカモノアラガイ**【＊4】という種が生息している。ナガオカモノアラガイは、環境省のレッドデータブックで準絶滅危惧、福岡県のレッドデータブックで絶滅危惧II類に指定されているので、生息環境を守る必要性も高い。これは、マイマイ米にぴったりなマイマイかもしれない……が、名前に「マイマイ」が付かないので、肝心の「マイマイ米」という語呂の良さが活かされない。同様に、ヒメオカモノアラガイというのもいるが、やはりマイマイが付かない。

うーん、なかなか良い案が浮かばない。

こうなったら、オカモノアラガイ類を含めた多様なカタツムリを大切にする農法として、「**マイマイ米**【＊5】」にしてしまうのはどうだろうか。

・農薬を極力使わない

・オカモノアラガイ類の好むエコトーン（水陸の際の部分）を維持している
・冬も水を張っている

そんな農法を実践し、カタツムリの生息地となっている田んぼで作られたお米を「マイマイ米」として認定する、という感じだろうか。地域名を付けて、「ふくおかマイマイ米」「いとしまマイマイ米」という感じでもいいだろう。

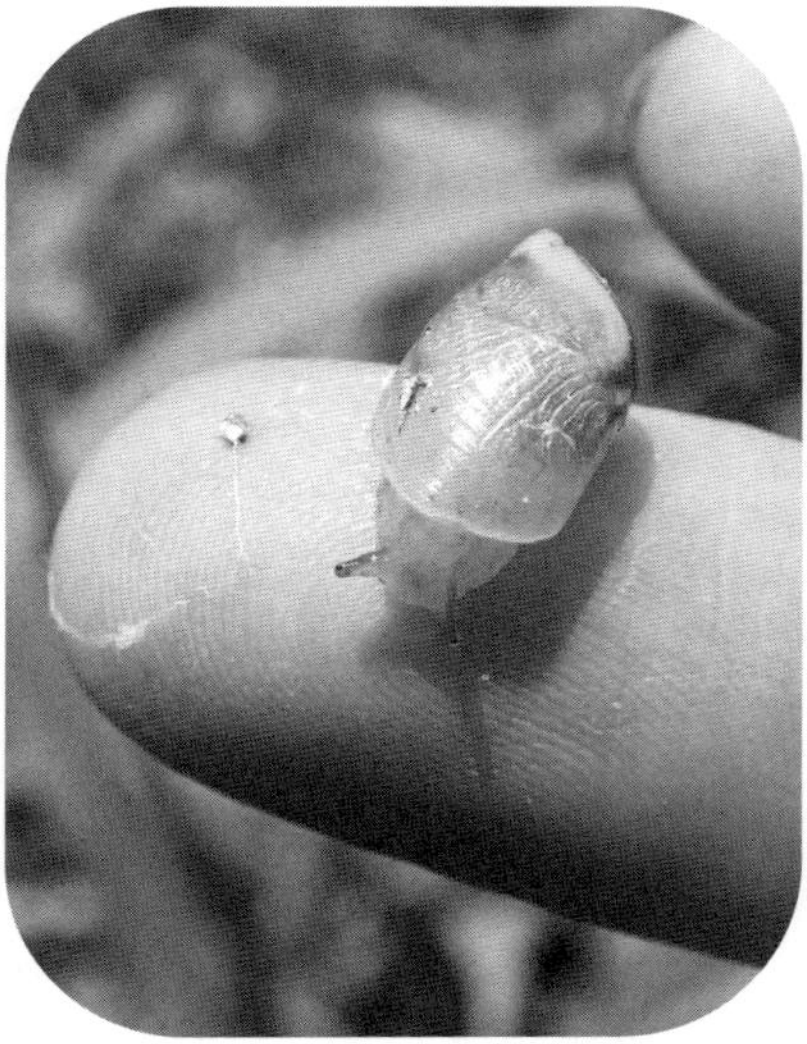

＊4：【ナガオカモノアラガイ】

＊5：マイマイ米

いやいや、そんなブランド化の前に、私のお米「myマイマイ米」づくりから始めようか。マイマイが育ち、昼は鳥が舞い、夜はコウモリが舞う。そんな私のお米だから、マイマイマイマイマイマイ……。

カタツムリの居場所

「カタツムリって、やっぱり減ってるんですか」

私がよく聞かれる質問の一つである。実際に「カタツムリを見なくなった」とおっしゃる方も少なくない。

カタツムリの個体数の減少とは別に、大人になると子どもに比べて目線が高くなったり、自然に触れなくなったりする傾向にあるために、カタツムリを見かけなくなる面がある。実際には**ウスカワマイマイ**【＊6】のように、都市部の花壇などの植え込みに、土に紛れて移動しながらあちこちで繁殖しているカタツムリもいるし、**オオクビキレガイ**【＊7】のように外来種として生息地を広げているカタツムリもいる。そんなわけで、一概に「カタツムリが減っている」とは言えない。
ただし、多くの種で、カタツムリが減少していることは事実である。それは、生息環境、いわば「カタツムリの居場所」が、失われているからだ。

私の暮らす、福岡の糸島という地域でも、急速に土地開発が進んでいる印象がある。10年前に暮らし始めた当初には残っていた草地や広場、田畑が、どんどん宅地や駐車場に置き換わっている。さみしく感じる一方、私が住んでいた家だって、かつてはカタツムリが暮らし

＊6：【ウスカワマイマイ】

＊7：【オオクビキレガイ】

＊8：アジサイの細道

ていた場所に建てられたのかもしれないと思うと、複雑な気持ちになる。

以前はいつもカタツムリがいた場所でも、あるときから突然いなくなってしまうことがある。それはもしかすると、殺虫剤や農薬によるものかもしれない。

人の暮らす街では、なんでもない草地やなんでもない林、湿地など、意味のあいまいな場は失われていく。逆説的だが、意味のあいまいな場にもちゃんと意味を付けていかないと、こうした流れには逆らえないのかもしれない。子どもの遊び場についても同じ問題を感じる。子どもはそうした意味のあいまいな場に、たまり場やひみつ基地を作ってきたはずである。

以前住んでいた家の近所にある、舗装されていない、アジサイの植えられた細道【＊8】が好きである。雨の日に歩くと、いつもカタツムリがいる。私はよく、遠回りしてここを通っていた。カタツムリの居場所がなくなるということは、私の好きな場所も、なくなっていくということなのだ。

カタツムリとわらべうた

「かたつむり」という童謡がある。誰もが一度は口にしたことがあるだろう。

〽でんでんむしむし　かたつむり
おまえのあたまはどこにある
ツノ出せヤリ出せ　あたま出せ

この「ツノ出せヤリ出せ　あたま出せ」という部分について、「ヤリ」を「恋矢」のことだとする説を聞いたことがあるだろうか。テレビ番組で取り上げられたこともあって、インターネット上でも有力な説であるかのように扱われ、記事によってはそうだと断言されていることもある。だが、私はとても疑わしい説だと考えている。

『日本の唱歌［上］明治篇』(金田一春彦・安西愛子編、1977）に、次のような記述がある。

「かたつむり」の「角」と「槍」とは、それぞれ一対ずつの触角を言い、「槍」は尖端に目玉のついている方のことで、これは殻の中に入っているかたつむりに呼びかけた言葉である。ところで、明治ごろまで、東京での言い方は「まいまいつぶろ」で、わらべ歌でも「まいまいつぶろ、湯屋にけんかがあるから、角だせ槍だせ」と言ったものだった。

つまり、「ヤリ」は「尖端に目玉のついている方」のツノ、つまり大触角のことであるという。このように大触角と小触角を区別していたとするほうが、まだ自然な解釈だと思う。まぁ使い分けていなかったとしても、それはそれで自然だと思うけれど。

そもそも童謡「かたつむり」は、かつての尋常小学校唱歌として明治44年に発表されたものである。それは、古くから伝わる各地のわらべうたを下敷きにして作られたもの。つまり、各地のわらべうたに、「ヤリ」という言葉の起源があるのだ。

カタツムリの呼び名を収集、分析して『蝸牛考』を著したのが、民俗学者の柳田国男である。彼はしばしば、子どもが生きものの呼び名の制作者であったということを例証している。

蒲公英（たんぽぽ）の花を弄（もてあそ）ぶ遊戯は、日本に大よそ四つあれば、その名称もまた四つある。土筆（つくし）を手に取っていう唱え言が五つあれば、その地方名も大略これを五系統に分けられる。ただその章句があまりに単純で、今は忘れてしまった土地が多いために、まだこの両者の関係を明確にすることが出来ないだけである。ところが幸いにして蝸牛の歌は残っている。それと各地方の現在の名称とは、誰が見ても縁が無いとは言えぬのである。

（柳田国男『蝸牛考』より）

初版が出版された1930年、まだ全国各地にカタツムリのわらべうたが残っていたというのが、今となってはなんともうらやましい。わらべうたは童謡とは異なり、子どもたちが遊びのなかで生み出し、子ども文化のなかで受け継がれてきた唄である。つまり、歌詞の作者は子どもたちである。

わらべうたには、かつての子どもたちがカタツムリと触れ合って遊んできた子ども文化が現れていたのである。

カタツムリにまつわるわらべうたには、大きく2種類あったようだ。

童児が蝸牛に向っていう文句には、実は早くから二通りの別があった。出るという一点は同じであっても、一つはその身を殻から出せというもの、他の一つは即ち槍を出せ角を出せというもので、あの珍しい二つの棒を振りまわす点に興じたものであった。

（柳田国男『蝸牛考』より）

からだを出すことと、ツノを伸ばすこと。殻から出てくる様子をじーっと観察して、からだがぬも〜っと出てくるところに力点を置くか、ツノがにょろろ〜っと出てくるところに力点を置くかで、2通りの唄があったというのだ。童謡「かたつむり」は、これら2つの意味のわらべうたを、どちらも取り入れたものなのだろう。

さて、もし「ヤリ」が「恋矢」のことであるならば、かつて恋矢にまつわる子どもの遊びがあったと考えるべきだろう。さらに、その遊びが子ども文化のなかで受け継がれていないと、わらべうたとはならない。それは絶対に違うとまでは言わないが、やっぱり考えにくい。

交尾のタイミングでカタツムリをじっくり観察するか、交尾を終えて「恋矢」を落とすまで飼育するか、成体を解剖しないと、「恋矢」の存在には気がつかないのだから。

たぶん、もともとは「ヤリが恋矢だったら、おもしろいよね」くらいのニュアンスだったのではないだろうか。それがいつのまにか「説」とまで言われるようになってしまったのではないだろうか。

童謡「かたつむり」は、わらべうたが発祥である。わらべうたには古くからの子どもと自然との関わりが反映されている。ヤリが触角であっても、柄眼目のカタツムリならではの生態が反映された、忠実な観察に基づく魅力的な唄であることには違いない。

歌詞の起源が子どもの遊びにあるなんて、それだけでわくわくするし、自然と子どもとの関わりを象徴するメッセージもあって、すばらしいと思うのだ。

好きになった理由

「はじめに」でも書いたように、物心がついたころにはカタツムリを好きになっていた私は、なぜカタツムリを好きになったのかを聞かれてもうまく答えられない。ただ、好きなのだとしか言えない。

とはいえ、記憶に残っていないだけで、好きになるきっかけはなにかあったのかもしれない。先日、手がかりを一つ発見した。東京の小学校に入学して間もないころに書いたと思しき、**この作文【＊9】**である。

かたつむり

のじま　さとし

かたつむりとあそんでいたら
めをさわってしまいました。
そうしたらめをひっこめました。
おにいちゃんといきました。
ゆうすいちのちかくのすいどうのところにいました。
ちっちゃいかたつむりでした。

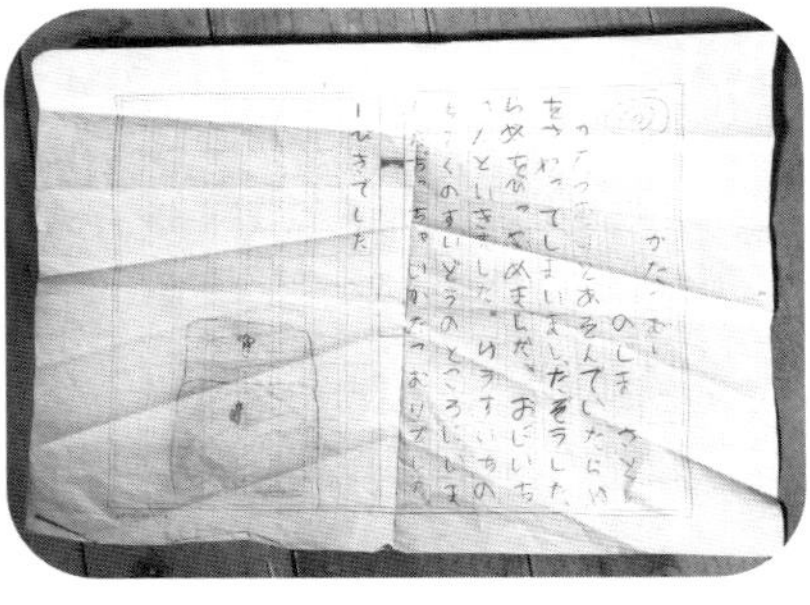

＊9：作文「かたつむり」

1ぴきでした。

「かたつむりとあそんでいた」という表現が最初に出てくるところが、我ながら興味深い。「かたつむりであそんでいた」とか「かたつむりをつかまえた」ではないのだ。当時の私にとって、カタツムリは遊び友達だったのだろう。「めをさわった」ではなく、「めをさわってしまいました」と書いていることからも、当時から敬意を持って接していたのかもしれない。

身近な場所に居て、直接触れることができて、リアクションがあるということが重要だったのかもしれない。そんな体験があったからこそ、カタツムリを遊び仲間として意識できたのだろう。

今の東京でも、出会う機会はあるのだろうか。

カタツムリと遊ぶことで得られたものは数知れない。自分の世界を広げるための、大きなきっかけになったし、これからも助けになるだろう。

生きものを遊び仲間として感じられるような環境や機会を、これからも大切にしていきたいものである。

遊びの延長線

子どもにとって、遊ぶことは生きることそのものである。遊ぶことがすべての探求の動機であり、遊ぶことで世界を知る。他者と関わる。自然と関わる。

そのくらい、遊びはとても価値のあるものだ。だが、遊びはあくまで、遊びそれ自体を目的とした行為である。「やりたい」という気持ちがなければ成立しない。何か、理科の勉強のために遊ばせるとか、外的な目的が与えられると、遊びは遊びではなくなってしまう。遊びの内容とは関係がなくて、鬼ごっこが遊びではなくなることもあれば、算数の勉強が遊びになることもある。

遊びには余白や無駄や失敗が付きもので、効率性とは矛盾するものである。でも、そうやって学び、育つのが人間という生きもの。本来、学びのルートは多様であっていいのだ。勉強なんて後からいくらでも取り戻せると、小学校から学校に行かなかった私の実体験から感じている。もしも勉強を始めるのが遅いか早いかで、将来大きな差が出てしまうんだとしたら、そうした社会環境こそ改善しなければならない。

子どもには、たくさん遊んでいてほしい。そして、自然なかたちで、自然にふれて遊ぶ機会が増えるといいなと思っている。

私自身、カタツムリが好きで、今もカタツムリについて知りたいから知ろうとしている。子どものころからの、遊びの延長線上にいる。

好きなものは好き

私の敬愛するカタツムリは、ナメクジほどではないが、しばしば「気持ち悪い」あるいは「キモい」と言われがちな生きものでもある。実際、小学生向けにカタツムリの話をする機会があると、たまに「気持ち悪い」を連発する子どもがいる。大人だって、私の前では口にしないだけで、内心「気持ち悪い」と思っている人は少なくないのだろう。

そういうときにふと、思い出す出来事がある。

私は2011～2020年までの9年ほど、自宅兼仕事場のガレージを平日夕方に開放して、近所の子どもがふらっと立ち寄れるようにしていた。当時住んでいたのは、特に自然豊かな環境でもなく、ごくありふれた住宅地だった。遊びに来る子も、自然や生きものが好きな子とは限らない。そこで接する子どもたち（特に小学高学年以上の子）にカタツムリの話をすると、必ずと言って良いほど、「気持ち悪い」という言葉が返ってきていた。
ヒナ、シオン、マリカという３人の小学生（すべて仮名）と遊んでいたときも、そうだった。ちなみに、「さとちゃん」とは私の呼び名である。

ヒナ「さとちゃん、なんか、かわいい絵を描いて」
私「じゃあ、カタツムリでいい？」
ヒナ＆シオン＆マリカ「えぇ～?!」
ヒナ「さとちゃん、ぜんぜん女の子の気持ちわかっとらん。女の子はそういうのキモいとー」
シオン「そうそう。もっとあるでしょ。ネコとか、クマとか」
マリカ「うん」
私「そうかなぁ。女の子でもカタツムリ好きな子いるよ」
ヒナ「ぜったいいない！」
シオン「女の子がかわいいっていうのは、そういうのじゃない！」

こうしたやりとりを続けていると、マリカが小さな声でつぶやいた。

マリカ「まぁ、私はけっこう好きだけど……」

饒舌なヒナとシオンの勢いはその後も止まらず、次第にマリカは別の遊びを始めた。

自然観察会などの、人が生きものと気軽に触れ合える場を作っている方々に対して、私は敬意を持っている。それは生きものに直に触れる体験が特別なものだから、ということだけではない。生きものに触れられる場そのものが、特別な力を持っているからだ。自然観察会のような場は、そこに居る人にとって、その生きものが好きだと堂々と言える場だ。カタツムリの観察会に集まる人は、「カタツムリが好き」って堂々と言えるのだ。男とか女とかどちらでもないとか関係ない。

好きな生きものを好きと言っている人さえいれば、最初は「気持ち悪い」と言っていた子どもさえ、次第に「意外とかわいい」と言い始めたりもする。そうした場の力というのはとても大きい。

異質な生きものに対する感じ方は人それぞれなので、カタツムリを「気持ち悪い」と感じること自体は責められるものではない。でも、「カタツムリ」イコール「気持ち悪い」でなければならないという空気のようなものは、いったい誰が作ってしまうのだろう。人はどうして、そんな空気に合わせようとしてしまうのだろう。

マリカはその後もよく、一人でガレージに遊びに来ていた。

カタツムリとかなしみ

カタツムリという生きものを、人間の感情にたとえるなら、かなしみという感情にもっとも親和性があるかもしれない。

『ごんぎつね』で知られる児童文学作家、新美南吉の童話の一つに『でんでんむしのかなしみ』という作品がある。主人公のでんでんむしは、自分の背中の殻の中にかなしみがいっぱいつまっていることに気づき、嘆く。そして、友達にそのことを話すと、友達の殻の中にも、同じようにかなしみがいっぱいつまっているということを知る。やがて、かなしみは誰もが持っているということに思い至り、「自分のかなしみは自分で堪えていくしかない」と嘆くのをやめるのである。

昭和10年に発表されたこの童話。新美南吉は、どうしてカタツムリを主人公にそのような童話を書いたのだろうか。

新美南吉は幼いころに母親を亡くし、6歳からは継母に育てられた。その後、実母の家に養子に出たこともあるものの、数か月で父親の元に帰ってきた。詳しいことはわからないが、心になんらかのさみしさを抱えていたことは想像に難くない。というか、私も子ども時代に喪失体験やトラウマを経験しているので、いろいろと想像してしまう。

もっとも、『でんでんむしのかなしみ』で描かれているように、人は誰もがかなしみを抱えて生きている。

動物行動学者のマーク・ベコフは、かなしみは「愛の代償そのものにほかならない」という。日本語でかなしみは、「悲しみ」や「哀しみ」のほか、「愛しみ」とも書く。そもそも、かなしみをもたらすのはなんらかの愛着対象の喪失と言われている。人生にとって愛が欠くことのできないものならば、悲しみもまた、欠くことのできないものと言える。愛があるからこそ、人はかなしみを抱えることができるのだ。

きっと新美南吉は、カタツムリをそんな「愛しみ」の象徴として描いたのだと思う。さらに、殻の中に抱えているものとしてそれを描くところに、新美南吉の視点の鋭さを感じる。カタツムリにとって、殻は身体の一部なのである。

かなしみは、自分の内側に抱えてしまいがちな感情だ。かなしみを表に出すことは、「恥」だと感じたり、怖かったりすることがある。あるいは、もっと大変な人もいるのだから、そういう人に比べればマシなんだからと、自分に言い聞かせることもある。

でも、かなしいことをきちんとかなしむこと、それは非常に大切なことだ。

自分の感情にフタをせず、「私は今、かなしい」と言葉で表すことも大事だ。

カタツムリは、急に手を伸ばすとすぐに殻に引っ込んでしまう。でも、引っ込んだ殻をずっと大事に手にのせていれば、いつか、ゆっくり、そっと、顔を出してくれるときが来る。あるいは、カタツムリの方から近づいてくるように手を出せば、手にのってくれることもある。

無理に内側を覗こうとせず、自分からそっと出てくるのを待つ。そんなカタツムリとの向き合い方は、かなしみを持つ人との向き合い方にも似ている。

あるいは逆に、かなしみを持つ私の側が、ものを言わないカタツムリに、そっと自分の感情を表現してもいい。だって、カタツムリは絶対に、私の語りに対して批判も評価もしないのだから。

視点の多様性

私はカタツムリが好きなせいか、下を向いて歩くことが多い。一般的には、なにか嫌なことがあると、人間はうつむいて歩く傾向にある。そういうネガティブな気分のときに、好きな生きものを見つけて気持ちが穏やかになれるなんて、なかなか良いことだなと思う。

一方、例えば鳥が好きな人は、もしかすると上を向いて歩く方が多いのかもしれない。嫌なことがあったときも、大好きな鳥を見たいがために顔を上げられると考えれば、それもそれで悪くない。

人間はそれぞれ、見ているものも、歩くペースも、目の高さも、興味の方向性も違う。そんな違いがあることが、いい。

タイプの異なる人といっしょに歩くと、それまでまったく気づかなかった存在と出会う。いっしょに歩く人が何かの専門家であれば、新たな発見が多くなることはもちろんだが、特に専門家でなくとも、ただ視点が違う人といっしょに歩くというだけで、いつもなにか新たな発見がある。

象徴的なのが、子どもと歩くときである。

長男が2歳のころ。ちょこまかと歩き回っていた。当時の生活で特に気づいたのは、身の回りにいかに水たまりが多いかということ。水たまりがあると、ためらいなく入る息子。長靴をはいているかどうかなんて、関係ない。というか、長靴をはいていても、中まで水が入り込むほど、ビチャビチャと遊ぶ。それから、小さな穴や隙間の存在にも敏感である。狭くてとても通れないところも通れるかどうか確かめずには気が済まないし、地面の穴には、石ころを落とさずには気が済まない。私よりも早く、カエルの卵塊の存在に気づいたこともある。

たとえ同じ個人でも、子どものころと今とでは、見ている世界が変わる。感情の状態でも変わる。かなしいとき、うれしいとき、たのしいとき、ねむいとき、それぞれ見える世界は変わる。

同じ人間でこれだけ違うのだから、種が異なる生きものの世界はもっと多様である。見える広さも、視力も、色も、私たち人間には想像できないほど多様である。そもそもコウモリのように視力に頼らない生きものもいる。いったいどんな風に世界を描いているのだろうか。のんびりで人見知りな私は、きっと見過ごしているものもたくさんある。さまざまな人と歩くこと、そしてさまざまな生きもののことを知り、想像することが、私の世界を広げてくれる。いろんな見方に気づき、大切にできるように、生きていたいものである。

少しずつ違って　少しずつ同じ

カタツムリは多様である。なにせ、日本だけでおよそ800種ものカタツムリがいるのだ。軟らかいからだがあって、ツノがあって、殻がある。カタツムリの基本的な構成要素はみんな同じだ。だが、そのなかに、殻の直径が5㎝ほどの大きなカタツムリもいれば、おとなでも2㎜ほどの小さなカタツムリもいる。角ばった殻もあれば、とんがった殻もある。毛の生えた殻もあれば、殻の退化したナメクジだっている。軟体部の色や模様だってさまざまだ。種ごとの違いだけではない。同一種のカタツムリでも、個体ごとに違いがある。同じツクシマイマイでも、「色帯」と呼ばれる模様が個体ごとに違う。色帯だけでなく、明るい白色の殻を持つものもいれば、殻全体が色濃く見えるものもいる。

海外のカタツムリは、さらに多様だ。みんな同じカタツムリなのに、少しずつ違うのだ。

生きものの多様性。本来それは、グラデーションである。

本当は境界のない虹の色を、赤、橙、黄、緑、水色、青、紫の7色とみなすように、種と種の違いは、それぞれ誰かが名前を付けたというだけ。同じ黄色に無数の黄色があるように、種の内側にも、ときには種と種のあいだにも、たくさんのバリエーションがある。

そう思うと、生きものの多様さが、また違って見えてくる。

最近は「多様性の時代」なんてことが言われている。あまのじゃくな私は、多様性を強調されると、共通性も大切にしたくなる。私とあなたは違う。でも、そこに橋をかけるために、私は文章を書いている。

多様さを強調すればするほど、ヒトとカタツムリではなんだか天と地ほどにかけ離れているように思えてしまう。でも、40億年もの途方もない時間をかけて多様化した生物は、どんなに離れた種であっても、共通の祖先がいる。必ずどこかに、共通性があるのだ。

共通性もまた、多様性と同じくらい、素敵なものではないだろうか。私たちはみんな、どこかで同じ要素を共有し、今を生きている生命体なのである。

同じだけど、違う。

違うけれど、同じ。

「ヒトとカタツムリにも、意外と同じところがあるのでは?」

そんな想いを抱きながら、すぐそばにいる異なる相手のことを、もっともっと知りたいと感じてしまう。

生きものと触れ合うことの大切さ

自然体験の大切さを否定する人は少ない。でも、どうして大切なのだろう。まさか理科の成績を良くするためではあるまい。

文部科学省による「令和2年度青少年の体験活動の推進に関する調査研究（21世紀出生児

縦断調査を活用した体験活動の効果等分析結果）報告書」によれば、自然体験では主に自尊感情や外向性に良い影響があるという。もっとも、これだけだと単に経済的に余裕のある家庭では体験活動に積極的で、経済的に余裕があるために自尊感情や外向性が高いだけじゃないかという指摘があるかもしれない。しかし、「自然体験の機会に恵まれていると、家庭の経済状況などに左右されることなく、その後の成長に良い影響が見られる」とも分析されている。

では、どうして子どもが自然や生きものと触れ合うことが、良い影響をもたらすのだろう。そもそもどうして、子どもは生きものと触れ合おうとするのか。

あまり耳馴染みがない人が多いかと思うが、バイオフィリアという概念がある。

これは、アメリカの社会生物学者エドワード・O・ウィルソンが1984年に提唱した概念であり、仮説である。人間が「生命および生命に似た過程に対して関心を抱く生得的傾向」とされる。「生命愛」などと日本語訳されることもある。ウィルソンは、私たち人間が自然やほかの生きものに対して抱く愛着のようなものは、生物多様性が豊かな地球の自然環境のなかで進化することにより生じた、生得的（生まれつきの）性質なのだという。

確かに実感として、子どもには生きものに対する特別な関心があると感じる。あるいは、あらゆるものを生きものとして捉えようとする志向性もある。それらをまとめてバイオフィリアと呼んでもいいのかもしれない。

バイオフィリアはあくまで仮説だが、単独では野外で生きていくことのできないほど弱い生きものなのが、ヒトである。それが弱い者を助け、相手の意図を汲み取り、協力する能力を進化させ、地球上でここまで大繁栄するようになった背景には、バイオフィリアが必要不可欠な心的傾向だったとも考えられる。

バイオフィリアはそれ自体が重要な概念だが、そこから展開する現象にも目を向けたい。私はフリースクールをはじめとしたさまざまな場で、子どもたちと生きものとの出会いを育む活動をしている。そこでは、子どもたちがバイオフィリア的に生きものに惹かれる瞬間が確実にある。

生きものに惹かれたその瞬間、子どもたちの意識は「今この場所」にある。未来の不安や過去の失敗から解き放たれ、心が「今この場所」にある状態というのは、いわばマインドフルネスの状態である。一般に子どもの遊びというのはそういうものだが、生きものは特にマインドフルネス的状態を引き出しやすいようにも思う。マインドフルネス瞑想はブームのようになってもいるが、生きものと触れ合うことで意識が今この場所に来てくれるなら、生きものとの触れ合いもまた、人が種々のストレスから解放され、身体的にも心理的にも健康を育む重要なものであるだろう。

次に、矛盾するようだが、生命への関心は「今この場所」にとどまらない。意識が未来にあるというのではなく、意識が今この場所に根付いていると同時に、未来に向かうベクトルとして存在している。なぜなら、成長途上にある生きものというのは、いつだってベクトルが未来に向いているのだから。生きものに関心を向けることは、今と未来をつなぐ大切なものとなり、いわば未来を今と地続きのものにして、楽しみなものにする行為である。

さらに、そうしたプロセスを経ると、結果的に心が解放され、自然とそこで場を共有する他者とも、心がつながり合いやすい状態になるのではないだろうか。それは自分自身を大切にすることにもつながり、やがてそこで立ち現れるのが、居場所である。

この一連のプロセスに根拠があるわけではないが、実感としてあると思うし、そうあってほしいという願いもある。時間が必要だが、いつか調査分析してみたいと思っている（どなたか研究費を……！）。

心を育む自然というのは、そんなに豊かなものでなくても良いと思っている。私は、思春期のしんどい時期、水槽の熱帯魚を眺めるのが好きだった。つらいことがあれば、水槽の中の熱帯魚をいつまでも眺めていた。

もちろんカタツムリに出会えたときは、カタツムリをいつまでも見ていたことは言うまでもない。

非効率な魅力

生きものの進化は、できるだけ無駄をなくすように働く。なぜなら無駄があると、エネルギーを浪費してしまい、生存にとって不利な影響があるからだ。だから、私たち人間にはしっぽがないのである。

でも、本当にそれだけなのだろうか。カタツムリを見ていると、どうも生きものは効率性という論理だけで生きてはいないように思える。

たとえば、殻。ナメクジのように殻をなくしたって、十分生きられるどころか、むしろカルシウム摂取の手間がかからないし、移動の自由も広がる。それなのに、なぜあんなに重たい殻を持ち続けているのだろうか。いつでもその場で休眠ができる殻を持っているというのは、やはり楽なのだろうか。むしろ休むのに効率が良いのだろうか。殻を強化するかなくすか、いつも方向性を迷いながら進化しているようにさえ見える。

ついでに言えば、採食のときもヘンな動きをしているし、目的地に一直線に進むようには見えないし、交尾に時間はかけるし、フンは折りたたんでいるし……。それぞれに意味はあるのだろうが、効率という観点だけでは捉えきれないのではないだろうか。

私は、気づかぬうちに人にイライラされてしまうことがある。そのときは「え、なんでこの人イライラしてるんだろう」と思うのだが、次第に自分がゆっくりと非効率な行動をしているからだと気づく。そう考えると、もしかしてカタツムリを観察しているとイライラしてしまう、という人もいるのかもしれない。

ちょっと待ってほしい。

生きものは100%効率優先で生きているわけではない。異性にモテるために、あえて無駄な飾りを持つ生きものは多いし、たとえば働きアリの2割はあえてサボっているという話もある。生存に大きな悪影響を与えない範囲では、人間の盲腸のように、ムダに見える物事も進化のなかで意味が生まれ、そのまま残っていたりする。

私も含め、現代はメンタルの不調に悩む人がとても多い。

ＯＥＣＤのメンタルヘルスに関する報告書によれば、コロナ禍以前から、推定で２人に１人が一生の間に一度は精神的な不調を経験しており、５人に１人は精神疾患を抱えて暮らしていた。さらに、コロナ禍で精神的苦痛のレベルが（特に若者の間で）急激に高まり、一部の国々では不安とうつを訴える人が２倍に増加しているという。

メンタルに不調をきたす理由は人それぞれだろうが、社会的背景の一つは、社会があまりに効率を優先してきたことにあると思わずにはいられない。精神的な不調を持つ人が増えることは結果的に社会の損失につながるのだから、長い目で見れば、むしろ非効率さが今の社会を効率よくするために必要なのではないか。

非効率で、あいまいなのも良い。ムダに見えるところが、環境が大きく変化したときには役立つこともある。非効率に見えるところが、カタツムリの個性であり、大きな魅力だと信じている。むしろ非効率に見える「余白」を持つことが、現代の人間社会が大きく必要としていることなのだから。

コラム **4**

おすすめカタツムリ本

本書を書くにあたって、多くの書籍や論文を参考にさせていただきました。私が偉そうな顔をしてカタツムリの知識をつけて、文章を書いたり人に話したりできるのは、多くの専門家のみなさまのご研究のおかげです。この場を借りて厚く御礼申し上げます。

せっかくなので、カタツムリに関する書籍も、いろいろご紹介いたします。

カタツムリ初心者や興味のある人におすすめ

◆ **いとうせつこ、島津和子『あかちゃんカタツムリのおうち』（福音館書店）**

幼児から読める絵本です。絵もおはなしも、とにかくかわいくって良いです。

◆ **皆越ようせい『ここにいるよ！ナメクジ』（ポプラ社）**

ナメクジの写真がとにかくかわいい。ナメクジが好きになる一冊です。

◆三輪一雄『こちらムシムシ新聞社　〜カタツムリはどこにいる？〜』（偕成社）

カタツムリについての情報が濃くって、おもしろい絵本です。三輪一雄『ガンバレ‼まけるな‼ナメクジくん』（偕成社）も合わせてどうぞ。

◆宇高寛子『チャコウラさんの秘密を知りたい！ナメクジの話（みんなの研究）』（偕成社）

ナメクジについての知識だけでなく、ナメクジを「子どものころから好きだったわけではない」のに専門家となった宇高寛子さんが、研究者になった経緯などがわかりやすく書かれています。

◆野島智司『カタツムリの謎』（誠文堂新光社）

拙著ですみません。しかも、入手困難になっていますが、図書館などでぜひ。『かたつむり生活入門』（Pヴァイン）という紛らわしいタイトルの本も出していますが、それにはカタツムリのことを書いていていません。

カタツムリをもっと知りたい方におすすめ

◆西浩孝、武田晋一『カタツムリハンドブック』（文一総合出版）

一般に手に取りやすいカタツムリ図鑑はとても貴重です。軟体部も含む生体写真なのがすばらしいです。

◆脇司『カタツムリ・ナメクジの愛し方　日本の陸貝図鑑』（ベレ出版）

寄生虫研究者の脇司さんによるカタツムリ本。陸貝のコレクターでもあるとのこと。べつやくれいさんのマンガもあり、専門的な内容も充実。読み物としても図鑑としても良いです。

◆武田晋一『ナメクジはカタツムリだった？』（岩崎書店）

ナメクジのようなカタツムリのような表紙のヒラコウラベッコウガイの写真が印象的です。生物種のグラデーションを感じられます。写真絵本です。

◆エリザベス・トーヴァ・ベイリー『カタツムリが食べる音』（飛鳥新社）

謎の病で入院中に出会ったカタツムリに心を動かされた筆者によるノンフィクション。文学的であり、専門的知識も豊富で、読み物としても素敵です。

◆松尾亮太『考えるナメクジ』（さくら舎）

福岡女子大学でチャコウラナメクジの学習能力について研究している松尾亮太さん。この本では、そんなナメクジの学習能力をわかりやすく解説しています。

より深く探求したい方におすすめ

◆盛口満『マイマイは美味いのか』（岩波書店）

食材として、あるいは遊びの対象として、カタツムリと人との関係を探求した本。ゲッチョ先生としても知られる盛口満さんの著書は読みやすく、深くて最高です。

◆柳田国男『蝸牛考』（岩波書店）

民俗学者の柳田国男さんが、方言周圏論という説をカタツムリの呼び名を通して論考した本。言語地理学的な本ですが、カタツムリと子どもとの関わりという視点で読んでも興味深いです。

◆**細将貴『右利きのヘビ仮説　追うヘビ、逃げるカタツムリの右と左の共進化』（東海大学出版会）**

イワサキセダカヘビというカタツムリ専門食のヘビを研究している細将貴さん。フィールドワークによる生きもの研究の様子をうかがい知ることができます。

◆**千葉聡『歌うカタツムリ』（岩波書店）**

東北大学の千葉聡さんによるこの本、ちょっと生物学の素養が必要かもしれませんが、深いです。カタツムリを通して進化生物学を学べます。

※こちらに紹介したのもまだ一部で、ほかにもたくさんのカタツムリ関連本が出ています。網羅しきれていないものや、私の見逃しているものもたくさんあるかと思いますが、どうかご容赦ください。

そのほかのおもな引用・参考文献

◆ Graveland et al. 1994. Poor reproduction in forest passerines from decline of snail abundance on acidified soils. Nature. 368: 446-448.

◆堀江明香 2014. 特集：鳥類における生活史研究　総説　鳥類における生活史研究の最新動向と課題. 日本鳥学会誌, 63(2): 197-233.

◆ Hula V, Niedobova J, Kosulie O 2009. Overwintering of spiders in land-snail shells in South Moravia (Czech Republic). Acta Musei Moraviae, Scientiae biologicae (Brno), 94: 1–12.

◆堀川大樹『クマムシ博士のクマムシへんてこ最強伝説』(日経ナショナル ジオグラフィック)

◆伊藤亜紗編『「利他」とは何か』(集英社新書)

◆株式会社浜銀総合研究所 2021. 令和２年度文部科学省委託調査『令和２年度「体験活動等を通じた青少年自立支援プロジェクト」青少年の体験活動の推進に関する調査研究報告書』

◆香取郁夫 2010. 送粉昆虫マイマイツツハナバチの営巣習性. 日本応用動物昆虫学会誌 54(2), 77-84.

◆金田一春彦・安西愛子編『日本の唱歌［上］明治篇』(1977, 講談社文庫)

◆北林慶子 2019 金沢大学博士論文「キノコとキノコ食性動物の匂いコミュニケーション -特にキノコ食性ナメクジとの関係-」

◆小林峻・伊澤雅子・傳田哲郎 2009. オキナワウスカワマイマイの花粉食. Venus, 68(1-2), 55-62.

◆ Konuma et al. 2013 A maladaptive intermediate form: a strong trade-off revealed by hybrids between two forms of a snail-feeding beetle. Ecology 94: 2638-2644.

◆ Mikami OK, Katsuno Y, Yamashita DM, Noske R, Eguchi K 2010. Bowers of the Great Bowerbird (Chlamydera nuchalis) remained unburned after fire: is this an adaptation to fire? Journal of Ethology, 28: 15–20.

◆森井悠太・小松貴 2017. 陸産貝類の空殻に営巣するアリ類の日本列島における分布記録. 昆蟲 (ニューシリーズ) 20(3): 124–128.

◆ Shinichiro Wada,Kazuto Kawakami,Satoshi Chiba . 2011. Snails can survive passage through a bird’s digestive system. Journal of Biogeography, 39(1): 69-73.

かたつむり見習〇〇くん

作のじまさとし

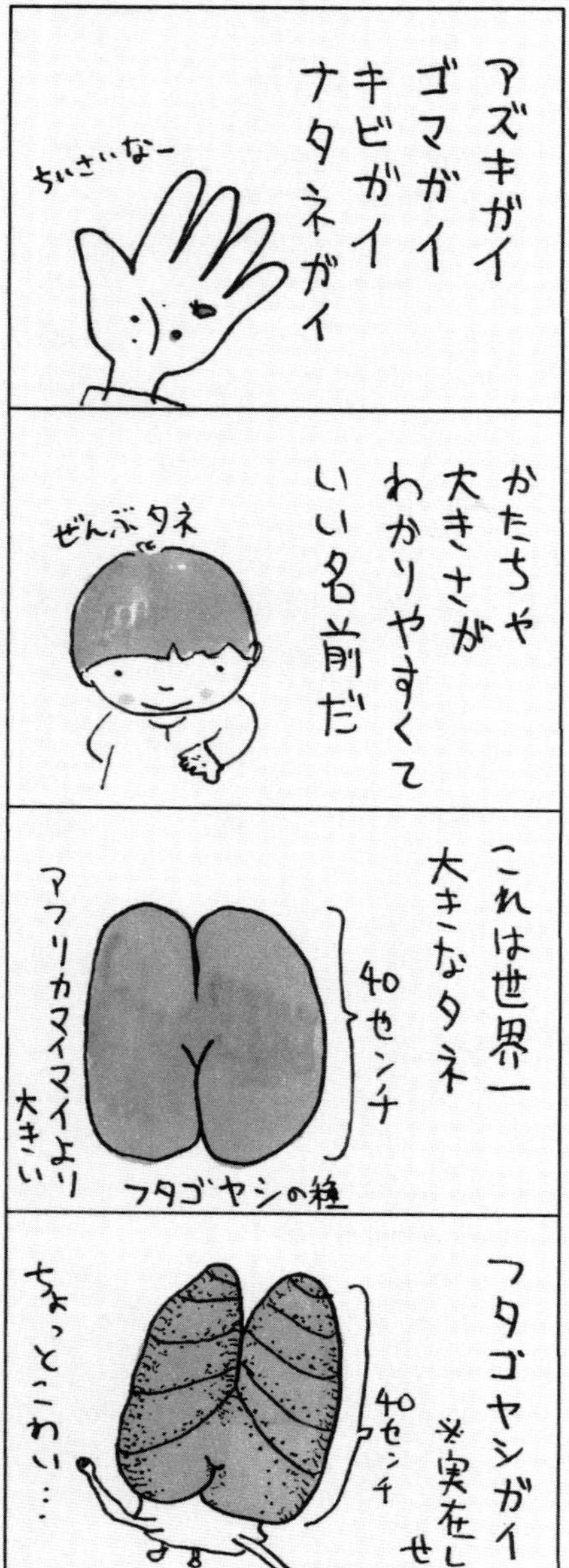

おわりに

ゆっくりと動き、引っ込み思案で、日陰が好き。カタツムリは、そんな私にとってもっとも親和性が高い生きものと言える。その上、身近にいて、散歩で出会える存在である。東京に住んでいた幼いころに、小さな手のひらいっぱいにカタツムリをつかまえた感触は、今でも忘れない。

私は、おそらく今の世の中について行けていない。効率優先で、競争的な社会だと感じれば感じるほど、「私は人間に向いていないんじゃないか」という気持ちになる。そんな憂うつな気持ちのときに、ふと出会う生きものもまた、カタツムリである。カタツムリはそんな私の気持ちにはおかまいなく、ただひたすらに生きている。それがいい。私が生きるための大事なヒントが、カタツムリの生き方に詰まっているのではないか。そんなことを思うようになった。やがて、自分に「かたつむり見習い」という肩書きをつけた。

本書は、NPO法人グリーンシティ福岡のWEBサイトで、2016年6月〜

２０２１年7月に連載したコラム「かたつむり的世界観」の内容を原案にリライトし、筆者のnoteやtheLetterに掲載した投稿、糸島こよみ舎「糸島こよみ」に提供したイラスト、さらに書き下ろしを加えて再構成したものである。コロナ禍であり、次男の誕生と引っ越しも重なった執筆期間は、社会的にも私的にも変化が多く、心も身体もバランスを崩しがちで、とても時間がかかってしまった。マイペースを言い訳に、関係者のみなさんにご迷惑をおかけしてしまった。そんなこともあり、気づけばカタツムリのことを書いたようで、カタツムリの視点から世界について書いたような本になった。

この本は、決して私一人だけで完成できたわけではない。本書の原案となる「かたつむり的世界観」の連載では、ＮＰＯ法人グリーンシティ福岡理事の志賀壮史さん、スタッフのしおりん、あっちゃん、まさみん、ひょうこさんにたいへんお世話になった。本書の制作に当たっては、気長に待ってくださった三才ブックスの神浦高志さんはもちろん、ＮＰＯ法人企画のたまご屋さんの森久保美樹さん。装丁デザインを手がけてくださった鈴木千佳子さん。帯文を提供してくださった東直子さん。ナメクジの種について貴重なご助言をいただいた豊橋市自然史博物館の西浩孝さん。また、私から直接見えないところで動いてくださっている方もたくさんいることだろう。それから、一人ひとりのお名前を挙げることはしないが、多くの先行研究の研究者のみなさんにも感謝している。さらには、こうもりあそびば、NPO法人産の森学舎、おとなとこどもの学校テトコト、小さな脱線研究所などのマイマイ計画や私の活動の場で、これまで出会ったすべての子どもたちにも支えられている。さらには、家族、身の回りの生きものたち、そして世界中のカタツムリたちに、心から感謝を申し上げる。（この文字が印刷されている紙にも、原料となる樹木があって、そこに生息していたカタツムリがいたことだろう。）

「善きことはカタツムリの速度で動く」とは、マハトマ・ガンジーの言葉である。本書を手に取ってくださったあなたにとって、ひいてはあなたの生きている世界にとって、即効性はないかもしれないが、マイマイペースで生きるためのささやかなヒントとなれば幸いである。

野島智司　のじま・さとし

「かたつむり見習い」を名乗るネイチャーライター。幼少期からカタツムリに憧れ、小学校を中退して大分県の山の中で「マイマイペース」に育つ。北海道大学大学院地球環境科学研究科および教育学研究科で2つの修士号を取得後、九州大学大学院人間環境学府博士後期課程を中退。現在は福岡県糸島市を拠点に「マイマイ計画」を主宰し、子どもの遊び場を開いたり、フリースクール等で野外フィールドワークを行うなど、身近な自然と人とがつながる場づくりを行っている。筑紫女学園大学非常勤講師。飛鳥未来きずな高等学校非常勤講師。アサヒ飲料「三ツ矢青空たすき」語り部としても活動中。著書に『カタツムリの謎』(誠文堂新光社)、『マイマイ計画ブック　かたつむり生活入門』(Pヴァイン)、『ヒトの見ている世界　蝶の見ている世界』(青春出版社)がある。
マイマイ計画　https://maimaikeikaku.net

カタツムリの世界《せかい》の描《えが》き方《かた》

2025年5月1日　第1刷発行

著者(文・イラスト・写真)/野島智司
装丁・装画/鈴木千佳子
DTP/藤本明男

発行人/塩見正孝
編集人/神浦高志
販売営業/小川仙丈、中村崇、神浦絢子、遠藤悠樹
企画協力/森久保美樹(NPO法人 企画のたまご屋さん)
印刷・製本/TOPPANクロレ株式会社
発行/株式会社三才ブックス
〒101-0041　東京都千代田区神田須田町2-6-5 OS'85ビル
TEL:03-3255-7995　FAX:03-5298-3520
https://www.sansaibooks.co.jp/　mail:info@sansaibooks.co.jp